中国长江三峡集团公司科技图书出版基金资助

巨型混流式水轮发电机组机械维护技术研究

李志祥　胡德昌　刘连伟　编著

中国三峡出版传媒

中国三峡出版社

图书在版编目（CIP）数据

巨型混流式水轮发电机组机械维护技术研究／李志祥，胡德昌，刘连伟编著．－－北京：中国三峡出版社，2018.1

ISBN 978－7－5206－0010－1

Ⅰ.①巨… Ⅱ.①李… ②胡… ③刘… Ⅲ.①混流式水轮机-发电机组-机械维修-研究 Ⅳ.①TM312.07

中国版本图书馆 CIP 数据核字（2017）第 262754 号

责任编辑：祝为平　赵静蕊　王　杨

中国三峡出版社出版发行

（北京市西城区西廊下胡同 51 号　　100034）

电话：（010）57082645　57082655

http：//www.zgsxcbs.cn

E－mail：sanxiaz@sina.com

北京华联印刷有限公司印刷　新华书店经销

2018 年 1 月第 1 版　2018 年 1 月第 1 次印刷

开本：787×1092 毫米　1/16　印张：16.5

字数：364 千字

ISBN 978－7－5206－0010－1　定价：158.00 元

序　言

从 1912 年我国首座水电站机组投产发电至今，我国水电事业已走过百年发展历程。一个多世纪以来，我国水电从无到有，从小型机组到中型再到巨型，从单座电站到流域水电集群，从依靠技术引进到具备自主知识产权设计制造、安装、运行管理百万级巨型水轮发电机组，中国水电走出了一条波澜壮阔的创业发展之路。

随着我国电力行业发展进入新常态，能源供给方式的多样化发展，伴随着能源结构调整、电力体制改革不断深入推进，电力生产将更加注重市场需求、效益提升与设备的本质安全，这都对水电发展带来新的巨大挑战。

如何做好供给侧改革下的平稳过渡？如何在电力体制改革浪潮中继续保持好水电行业优势？这就反过来要求水电站不仅要提供"物美价廉"的电能产品，而且对水电机组可靠性、稳定性提出了更为严苛的要求。特别是在水轮发电机组"巨型化"发展的趋势下，探究巨型水轮发电机运行检修规律，掌握其核心运维管理技术，显得尤为重要。

总结是进步的阶梯。要想把握水电发展脉搏，不仅要掌握行业新理念、新知识和新技术，还要会总结过去可借鉴、可复制的优秀设备管理技术和行业经验。才能更好地将安全牢牢掌握在自己手中。

本书的编者在水电站长期从事大型水轮发电机组运行、检修工作，积累了丰富的现场核心技术实践与管理经验，对大型水轮发电机组的机械常见故障及问题经过系统性总结和提炼，形成了这本颇具指导和借鉴意义的学术专著。

本书所含内容丰富全面，前 6 章主要介绍了包括水轮机、发电机、调速系统、在线监测系统、辅助设备在内的水电站常用系统设备机械维护技术，在描述问题的同时都一一给出了通过自身实验验证的优化建议，第 7 章详细归纳了巨型机组重要技术研究项目，科学严谨、论证清晰。

受编者躬耕水电、致力于水电技术推广之精神的赞许，寥做数语，是之为序。

中国长江电力股份有限公司总经理

目　录

第 1 章　巨型混流式水轮发电机组技术现状

近年来，我国水电设备制造业有了长足的进步，在混流式、轴流式和贯流式水电机组的设计、制造和安装等方面，已步入世界先进行列。在振兴民族制造业中，我国充分发挥了国家重大工程对水电科技创新和重大技术装备创新的带动作用，特别是依托三峡工程的建设，创立了"中国特色水电设备国产化的模式"，指导着我国水电设备制造业顺利发展，走出了一条装备国产化的成功道路。

我国依托国家重大工程项目，以强大的市场需求吸引国际一流制造商，在采购先进设备的同时，引进关键技术消化、吸收、再创新，提出了以三峡为代表的大型水电机组攻关计划。先后建立起多个高水头水力试验台，系统进行水轮机试验研究，同时建立了 1000 吨级、3000 吨级推力轴承试验台，开展了 6000 吨级推力轴承的试验计算研究，极大程度上促进了我国水电设备制造业的发展。

三峡工程的机组单机容量 $70 \times 10^4 kW$，是当时世界上最大机组，最大出力 $85.2 \times 10^4 kW$，且尺寸大、参数高，转轮直径达 10m，运行水头变幅达 50m，再加上河流含沙量大，设计和机组制造的综合难度大，具有世界挑战性。1996 年初，中国工程院专家提出了《三峡工程发电设备的进口——我国水力发电设备制造业的持续发展》的报告：1. 在三峡电站机组招标书的有关条款中，强调在与外商合作中中国厂家的地位；2. 引进设备的技术转让，最后必须落实到中国的制造厂家；3. 在与外商合作时，必须强调中国技术人员参与联合设计的全过程，中国厂家尽早投入机组关键部件的制造等。在我国专家的建议下，国务院作出走"技贸结合、技术转让、联合设计、合作生产"的决定。三峡工程创造了数百项工程科技世界之最，使我国大型水电设备制造业仅用 7 年时间就实现了 30 年的大跨越。

经过三峡电站、龙滩、小湾电站建设和 $70 \times 10^4 kW$ 机组的成功投产，我国已具备独立自主进行设计和制造的能力。目前，$80 \times 10^4 kW$ 和 $100 \times 10^4 kW$ 机组在乌东德和白鹤滩电站的设计计划已落到实处，相关设计实验已完成，全球最大的百万千瓦级机组将在白鹤滩电站建设运行。这些主要特大型水电站容量大，相应单机容量也大，总装机容量达 196875MW，在我国水电开发中具有十分重要的地位。

20世纪80年代以来，在认真执行国家水电发展规划、吸收国外先进技术的基础上，我国水电装备的设计、制造、安装和运行技术水平已有明显进步，实现了较大的飞跃。刘家峡、龙羊峡和岩滩等一批单机容量 $30 \times 10^4 kW$ 左右水轮发电机组相继投产发电；单机容量 $40 \times 10^4 kW$ 的李家峡，单机容量 $55 \times 10^4 kW$ 的二滩，特别是单机容量 $70 \times 10^4 kW$ 三峡电站机组和龙滩电站 $70 \times 10^4 kW$ 机组成功投运，有力证明了我国水电机组的设计、制造正逐步全面达到世界先进水平。

在设备选型、参数设计和枢纽机电布置上，我国已具有容量 $84 \times 10^4 kVA$、推力轴承负荷达5500tf（吨力，是工程单位中力的主单位，表示1t的力）、转轮直径10.6m的三峡混流式机组；最大水头189.2m、单机容量最大出力 $61 \times 10^4 kVA$、空冷每极容量达14.57MVA、转轮直径6.247m的二滩混流机组；转轮直径达8.3m、居世界第三的五强溪水轮机；额定容量 $20 \times 10^4 kW$、转轮直径8m、推力轴承负荷达4100tf、世界单机容量最大、水头最高的水口电站轴流机组；最大水头637.2m、额定出力 $12 \times 10^4 kW$、转轮直径为2.6m的冶勒电站冲击式机组；采用世界最先进的蒸发冷却技术单机容量 $70 \times 10^4 kW$ 的三峡地下电站水轮发电机。这些成绩系统反映了我国水电机组的制造能力和设计水平。

大型混流式机组，随着三峡电站的引进吸收，技术上已全部实现国产化。目前，我国共有150余台大型混流电机组在运行、安装和设计制造中，详情见表1-1。

表1-1 我国各大型混流机组运行安装情况

序号	水电站	单台装机（kW）	台数（台）	总计装机（kW）
1	三峡水电站	70万	32	2240万
2	溪洛渡电站	77万	18	1386万
3	向家坝电站	75万	8	600万
4	白鹤滩电站（在建）	100万	16	1600万
5	乌东德电站（在建）	85万	10	850万
6	小湾电站	70万	6	420万
7	龙滩电站	70万	7	490万
8	拉西瓦电站	70万	6	420万
9	龙盘（上虎跳）电站	70万	6	420万
10	金安桥电站	60万	6	360万
11	锦屏一级电站	60万	6	360万
12	锦屏二级电站	60万	8	480万
13	糯扎渡电站	65万	9	585万
14	观音岩电站	60万	5	300万
15	瀑布沟电站	55万	6	330万
16	构皮滩电站	55万	6	330万

第 2 章　水轮机机械设备维护技术研究

2.1　机组顶盖密封结构不宜采用单一的 O 型密封条结构

问题描述：某机组顶盖与座环密封采用 O 形密封，机组座环为焊接金属结构件，其与顶盖相对间的密封面为非精加工面，同时座环安装为土建安装，受运输吊装及混凝土浇筑等因素影响，导致座环严重变形，安装现场为保证圆度要求，常采用切割打磨方式进行处理，从而导致座环与顶盖形成的密封槽波浪度大、宽度不均匀、密封槽光洁度差，O 形密封无法提供足够补偿量，安装时易将密封损伤，同时水轮机活动导叶前水压力变化大，顶盖产生振动，密封长时间运行老化而产生漏水情况。

优化建议：结合现场顶盖 O 形密封使用的环境情况，将顶盖与座环密封结构设计成新的组合型密封，采用 Y 形密封和哑铃型密封的组合形式（亦可进行其他类型的组合密封结构），这样能最大限度地补偿密封槽的不均匀度所带来的漏水风险，

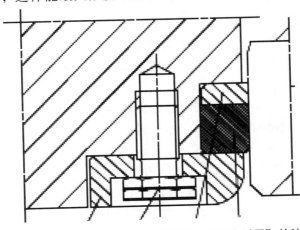

图 2-1　原顶盖密封结构采用底部"垫板＋O 形密封圈"的结构形式

同时针对各电厂水质的特性，采用相对适用的新型材料，能够延长顶盖密封的使用寿命和抗氧化性。在三峡的巨型机组上，已对部分机组进行了密封结构的换型，通过跟踪对比换型前后机组运行情况，大大减少了顶盖渗水的概率和降低顶盖排水泵的启动次数。换型之前，顶盖排水泵约每天需启动一次，换型后，顶盖渗水极小，顶盖排水泵基本不需运行，换型效果明显，值得在其他电站或机组上进行推广。

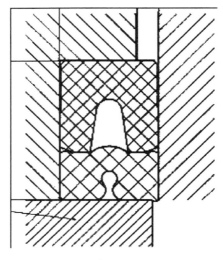

图 2-2　目前采用新型密封结构

2.2　机组蜗壳测压引水管设计时应考虑蜗壳的变形

问题描述：当前水电站蜗壳测压管分布在分段焊接的蜗壳压力钢管上，用来监测蜗壳中各断面的压力分布情况，同时也为其他监测软件提供数据，进而换算蜗壳中水流的流量。巨型机组普遍采用金属蜗壳，压力钢管在机组充水、排水的过程中随着水压的上升和下降会发生膨胀变形，导致蜗壳压力钢管中的测压引水接头出现裂缝、脱焊等情况，致使蜗壳测压管漏水，漏水渗漏至压力钢管与混凝土之间的间隙，从蜗壳进人门处渗出。由于此类蜗壳测压管为预埋件，随蜗壳安装时接入，一旦出现渗漏，将无法进行修复更换，为了防止漏水以及缺陷进一步扩大，只能在蜗壳内部对蜗壳测压引水口进行封堵，这最终导致蜗壳内部测压功能的弃用。

优化建议：机组在设计时充分考虑压力钢管变形量，在与压力钢管连接部位预留足够缓冲空间，防止压力钢管变形对测压引水接头的损伤，对引水管路采用不锈钢管材质，避免由于锈蚀、伸缩变形导致的连接部位渗漏。

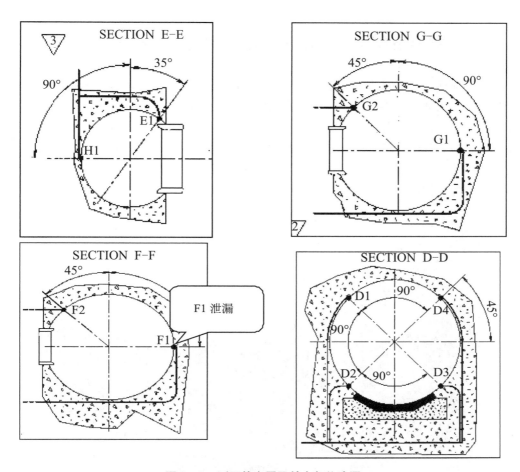

图 2-3　测压管布置及某个部位渗漏

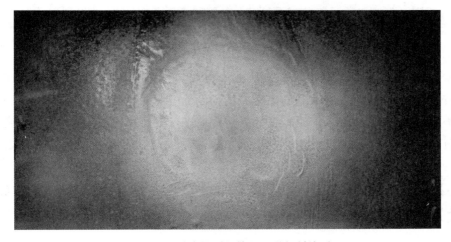

图 2-4　对渗漏测压管入口进行封堵后

2.3 蜗壳及尾水盘型阀阀盘应采用金属结构密封

问题描述：机组盘型阀包括蜗壳盘型阀以及尾水盘型阀，其作用是通过开启盘型阀作为排水通道，将蜗壳或尾水管内的水流排走。某机组尾水盘型阀阀盘密封设计时选用橡胶密封，并通过紧固方式安装在阀盘上，由于阀盘开启后，水流的巨大冲力，容易导致阀盘密封脱落损坏。其中某机组在排水时检查发现阀盘密封从密封槽中脱出，阀盘橡胶密封条被盘型阀切断，密封条卡在阀盘位置，导致盘型阀关闭不严发生漏水情况。

图 2－5　橡胶材质的盘型阀密封脱落情况

优化建议：建议蜗壳及尾水盘型阀阀盘密封设计时采用金属密封形式或采用新型橡胶密封，并采用可靠方式进行紧固，结构设计应考虑更换维护的便利性，以便于在盘型阀密封出现故障或损坏后能够稳妥快捷地进行更换和处理，同时可以避免机组在运行过程中橡胶密封易老化及损坏导致大量漏水，影响机组安全运行的情况发生。

2.4 主拐臂与上轴套之间的抗磨块宜采用更合理的布置方式及安装数量

问题描述：某类型机组导水机构在机组运行过程中均出现了活动导叶下沉、端面间隙分配关系改变这一异常现象。由于活动导叶下沉，致使这部分活动导叶的下端面间隙为 0mm，活动导叶在运动中将底环上表面及活动导叶下端面密封严重刮伤。后来通过分析发现，出现导叶下沉，其部分原因是该类型机组主拐臂与上轴套之间抗磨块在运行过程中出现严重磨损所致。该机型主拐臂与上轴套之间的抗磨块仅有两块，对称分布，导叶在动作过程中出现转动部件不在一个水平面的情况，使得单个抗磨块受力过大，长期运行，抗磨块在受力较大情况下磨损，导致了悬挂式活动导叶的下部端面间隙变小。

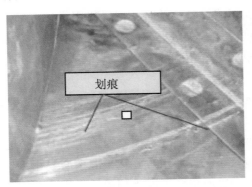

图 2-6　活动导叶下沉后底环刮痕

优化建议：为了降低单块抗磨块的承受力，使得活动导叶的重量均匀分布，避免由于受力不均带来的抗磨块磨损，宜采取多块分布方式，增加抗磨块数量至 4 块，并圆周对称分布，安装后严格控制抗磨块的水平度，确保活动导叶的转动受力均匀，转动水平，并在岁修期间加强对活动导叶的间隙测量和跟踪，以便于对抗磨块运行情况进行分析处理。

2.5　机组蜗壳进人门需完善的管理及技术措施

问题描述：部分机组蜗壳进人门采用外开式，其由若干颗螺栓进行把合，在机组运行过程中，蜗壳进人门位置长期承受蜗壳压力脉动对其冲击，蜗壳门螺栓长期在振动工况下运行，一旦出现局部螺栓断裂将产生多米诺效应，最终导致蜗壳门脱落，严重影响机组的安全运行，且存在水淹厂房的风险。

优化建议：针对外开式蜗壳进人门，宜制定专项作业指导书，要求进人门螺栓使用力矩扳手进行把合，并严格遵守螺栓的预紧力矩，严禁只用打击扳手进行打击紧固，同时严格执行三级验收制度，把好安装质量控制。另外对关键部位螺栓采用一次性更换制度，防止螺栓在多次使用后出现内部缺陷运行过程中的断裂情况。在蜗壳进人门上设置防开启装置，增加进人门的保护，确保螺栓出现损坏后，蜗壳门亦存在后备保护，避免出现水淹厂房情况。

2.6 混流式机组宜在适当位置设置检修水源

问题描述：当前水电站设计时，消防用水、技术用水和日常生活用水均考虑完备，但常需使用水源的水车室、风洞外围和蜗壳进人门处均未设置机组检修水源，导致机组检修用水时（比如清洗蜗壳、渗漏实验、设备打压试验等），往往需要较远距离取水，给设备检修带来诸多不便，也降低了检修效率。

优化建议：在进行机组设备设计时，把检修用水加入到消防用水或者生活用水的一部分中，进行合理设计，在用水部位布设水源管路，并增设相应阀门接头，便于在检修过程中取用水源进行相应的工作，提高检修效率。

2.7 中轴套上端的密封应设计为组合型密封结构

问题描述：某机型机组的中轴套上端密封采用了O形密封结构，O形密封由于其本身的特性，补偿量较小，且在相对旋转工况下容易出现磨损情况，机组在运行一段时间后，发现导叶中轴套出现了漏水现象，且漏水量突然变大，需要一台顶盖排水泵一直运行才能维持顶盖水位不上涨，如果中轴套漏水量大于顶盖排水泵和自流排水总排水量时，可能造成水淹水导，严重影响机组的安全运行。中轴套与导叶轴之间有相对旋转运动，密封性质属于接触性动密封，当蜗壳充满水时蜗壳的压力水可能通过唇型密封往上渗漏，而中轴套上端的O形密封存在密封容易老化、磨损且补偿不足等缺点，长时间运行后导致中轴套出现漏水现象。

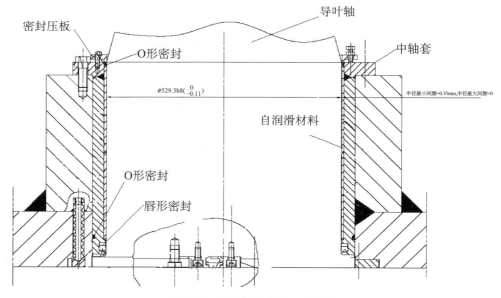

图2-7 原中轴套上端密封结构

优化建议：在对中轴套渗水情况进行分析研究后，在其他类型机组中轴套密封采用 V 形组合密封结构进行试验，跟踪试验效果，其在运行过程中效果良好，未出现漏水情况，并测绘其运行相对磨损及补偿失效数据，均比原 O 形密封圈效果更好。根据研究对比试验，可对机组中轴套上端的密封设计成剖分式 V 形密封，既保证机组在蜗壳充水和运行时的密封效果；另一方面，采用剖分式结构密封，也能够大大提高密封更换效率，大大减少了更换密封所需要拆卸的其他附件，可在只拆卸密封压板的条件下进行密封更换，提高检修效率。

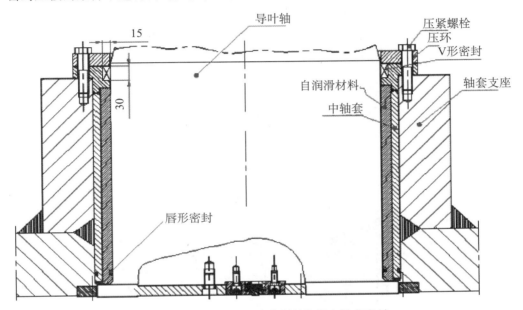

图 2－8　采用 V 形组合密封结构的中轴套密封

2.8　机组压力钢管伸缩节导流板应设置成小板配合结构

问题描述：某机组伸缩节结构形式为波纹管加橡胶水封密封的套筒式伸缩节。伸缩节由上下游内套管、外套管、波纹管、水封装置（水封填料、压圈及限位装置）等组成。运行过程中发现导流板出现撕裂现象，固定螺栓出现断裂缺失，更有个别机组出现整板脱落。

优化建议：1. 水流脉动压力引起导流板振动，应该在导流板上进行抗振和减振处理。如减小导流板尺寸，在连接螺栓杆上增加弹簧垫圈或碟簧等措施进行耗能。

2. 原安装的导流板，上下游间螺栓固定的支点距离较大，而中间正好存在一个与外套管之间的空隙，当水流出现压力脉动时，空隙两侧的水压会有差异变化，因此可在中间处增加螺栓固定点，缩小上下游间的支点距离。

2.9 大轴补气阀不宜选用油缓冲结构形式

问题描述：某机组大轴补气阀采用的是以液压油作为缓冲介质，在缓冲活塞缸上钻制截流孔，当该阀工作时，活塞随阀盖一起下移，产生液压油阻力，导致补气不流畅（即补气有阻力）；补气结束后，阀盖在弹簧作用下回弹时，缓冲油对活塞有阻尼，同时给缓冲油加压，常常伴有缓冲油泄漏现象。大轴补气阀采用油缓冲结构形式，机组运行一段时间以后，由于缓冲装置的长期往复运行，密封件出现老化磨损情况，导致缓冲油逐渐减少，补气阀无缓冲，补气阀多个部件出现损坏。

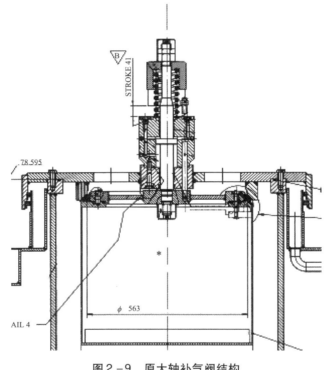

图 2-9 原大轴补气阀结构

优化建议：在原补气阀基础上改进缓冲结构，将原油缓冲方式补气阀本体组件拆除，更换为新型气缓冲补气阀，此类型大轴补气阀在其他类型机组上使用效果良好，能有效避免当前结构所带来的问题。此系列补气阀采用空气压缩缓冲专利技术，补气阻力和关闭阻力极小。缓冲活塞上设有几个空气反弹截止阀，当缓冲活塞下移时，空气反弹截止阀全部打开，空气迅速进入缓冲腔；反弹时，空气反弹截止阀全部关闭，对空气进行压缩来实现缓冲后关闭。另外新补气阀轴与缓冲活塞采用了万向连接器，所以动、静部套的同心度极好，不会出现卡塞现象。阀盖关闭时很严，所以主轴内部空气不会泄漏，这样缓冲装置可以长期免维护（空气不需补充）。同

被限位杆磨损成椭圆的限位孔

活塞杆磨损损坏

锁定片断裂脱落

限位杆磨损

图 2-10　补气阀在运行过程中出现的损坏

时浮筒下面采用了球形设计，对上涌的水力冲击也有很好的缓冲效果，即使上涌的水冲击力很大，对浮筒向上的作用力也被分解，阀轴的轴套也采用的是单轴套自润滑密封形式，能够有效降低摩擦力对密封的磨损。

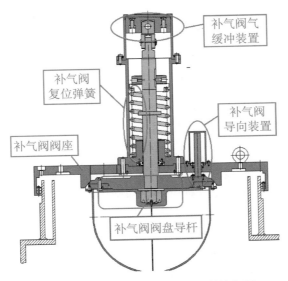

补气阀气缓冲装置

补气阀复位弹簧

补气阀导向装置

补气阀阀座

补气阀阀盘导杆

图 2-11　新型气缓冲结构大轴补气阀

2.10　转轮止漏环不宜采取热套方式安装或将止漏环与转轮一体加工

问题描述：某机组转轮转动止漏环在工厂分三瓣拼焊加工后，通过热套安装到转轮上，其收缩量为 5 ~ 6mm，转动止漏环材料是 X3CrNiMo13 – 4（国标：04Cr13Ni5Mo），材料硬度 200 ≤ HB ≤ 300。上转动止漏环外径 φ9315mm，最小内径 φ9226mm，具体尺寸见图 2 – 12。

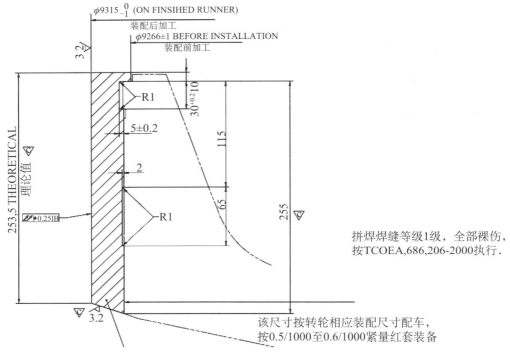

图 2 – 12　上冠止漏环

固定止漏环材料为 ASTM A240 UNS S41000（国标：12Cr13），材料硬度 200 ≤ HB ≤ 300。上固定止漏环在工厂里分瓣焊接在顶盖上（采用奥氏体焊条），下固定止漏环通过上下两层螺栓把合在底环上。顶盖和底环在工地组装后，对止漏环接缝进行封焊、打磨（如图 2 – 13）。

部分该类型的止漏环发生过断裂掉落，直接导致了止漏环卡在转轮叶片上，导致运行水力状态极不平衡，对机组产生激烈震动。

优化建议：对类似转轮止漏环改变结构方式，采取其他方式对止漏环进行焊接加固，不使用热套工艺，另外由于目前加工技术的提高，设计及材料均上一台阶，直接取消外加式止漏环，在转轮上直接精确加工配合间隙，实现止漏环功能。

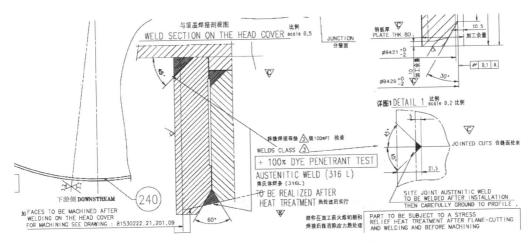

图 2 - 13　下固定止漏环

2.11　机组大轴补气管应采取合适的防结露措施

问题描述：机组大轴补气管布置在水轮发电机大轴中心部位，上端位于滑环室，下端位于转轮中心，中间通过加固环、支撑环进行固定安装。大轴补气管在运行过程中，如果在转轮出口位置的压力真空时进行补气，在停机过程中出现反水压时，尾水进入大轴补气管，停机备用时，大轴补气管水位与尾水位齐平。由于大轴补气管内外存在温差，容易在大轴补气管外部（大轴补气管与大轴间）形成结露，导致发电机励磁引线绝缘能力降低的，绝缘报警，影响机组运行安全。

优化建议：为了防止大轴补气管外壁出现防结露情况，可通过对大轴补气管表面采取防结露措施，通常采用的有 2 种方法，其一便是采用包保温层；其二便是涂刷防结露涂料，目前 2 种方式均已采用。其中刷防结露涂料方式通过对比试验，目前效果良好，在运行后未出现脱落和结露情况，可进行推广实施，因为刷防结露涂料较包扎保温层具有施工难度低，运行后风险小，使用时间较长等优点。

2.12　大轴补气阀需设置定位销及定期更换弹簧

问题描述：某机型大轴补气阀原设计的安装方式是补气阀下法兰与补气管上法兰用螺栓连接。该结构未设计定位销，不利于补气阀的检修后的回装定位，不能很好地保证补气阀下法兰圆周边沿与渗漏排水槽之间的圆周间隙。在补气阀每次检修完毕回装时，需重新调整补气阀下法兰圆周边沿与渗漏排水槽之间的圆周间隙。检修工作量大。另外，由于补气阀内控制阀盘行程的弹簧张紧力过大，在机组运行中进行大轴补气时，阀盘不能正常打开，机组不能正常补气。造成机组在运行时震动和噪声大，影响机组的正常稳定运行。

优化建议：1. 在补气阀下法兰和补气管上法兰组合面，对称方向加工两个圆锥销孔，安装两个圆锥定位销。圆锥销的加工分度圆与法兰面连接螺栓孔分度圆为同一分度圆。圆锥销孔中心在补气阀下法兰和补气管上法兰组合面相邻两螺栓孔中心距的正中。

2. 更换补气阀内控制阀盘行程的弹簧，减小控制弹簧的张紧力。使补气阀在进行大轴补气时，阀盘可正常打开，保证机组运行时能够正常补气。减小机组运行时的震动、噪声，以达到保证机组正常、稳定运行。

2.13　盘型阀进水口前需设置合适拦污栅

问题描述：某机型蜗壳及尾水盘型阀进水口前未设置拦污栅，这将导致蜗壳内水中垃圾及杂物进入到盘型阀阀盘位置，导致盘型阀关闭过程中出现卡阻情况，盘型阀关闭不严，出现漏水情况。

优化建议：在盘型阀进口前合适位置设置相应的拦污栅，拦截垃圾进入阀盘位置，阻挡杂物，确保盘型阀排水及关闭顺利。

2.14　机组各进人门试水阀应设计统一规格，并采用不锈钢材质管路及阀门

问题描述：由于机组安装属于不同机型，安装单位也不相同，导致不同机组各试水阀不一致，部分采用非不锈钢管，在运行多年后出现锈蚀穿孔及漏水情况，且此位置压力为蜗壳水压，一旦出现试水管锈蚀穿孔情况，将严重影响机组运行安全，且其维护措施需要进行排水处理，维护成本较高，严重威胁机组运行安全。

优化建议：对类似重要部位的引水管路选择不锈钢材质，并设置不锈钢阀门，阀门末端设置堵头，防止阀门位置偏离漏水。

2.15　顶盖强迫补气管应采取焊接方式连接并增设固定支架

问题描述：部分机组对与顶盖上腔强迫补气管采用螺纹连接方式，部分支管与总管连接部分较长，容易造成补气管在运行过程中，随着顶盖振动，出现断裂情况，导致顶盖喷水，严重影响机组安全运行，某机组在运行中就出现了断裂，导致顶盖内水位急剧上涨被迫停机。

优化建议：根据不同机型的现场实际情况，采用焊接加固方式，另外在设计之初，设计厂家可对顶盖内强迫补气管设计为焊接方式连接，并增设管支架防止纸管过长，在运行过程中长期的震动导致疲劳破坏。

2.16　对检修过程中需运行的设备应设置一路检修供电电源

问题描述：目前在进行水轮机设备设计时，均考虑了顶盖排水泵、漏油箱及排油泵、检修环形吊车等，这些设备的供电电源设计时电源均取自水轮机动力盘柜，在进行机组检修时，需要对动力盘柜内的动力电源进行断开隔离措施，这样就导致前面提及的检修环形吊车等失去动力，无法在检修期间进行运行操作，而此类设备往往在检修期间需要投入使用，这就使这类设备功能无法充分发挥，无法满足现场设备检修要求。

优化建议：对顶盖排水泵、漏油箱排油泵、检修环形吊车等类似设备采用两路电源供电，一路取自动力盘柜内，另一路取自检修电源，并设置切换把手，根据现场工作需要进行切换，这样便能保证设备在检修期间正常工作。

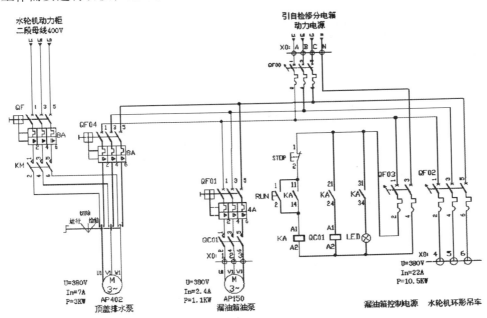

图 2-14　增加检修电源的接线示意图

2.17　机组顶盖支臂间排水连通孔尺寸需与排水泵流量匹配

问题描述：顶盖排水泵启动排水时，由于各隔间的排水通孔过小，顶盖内的积水不能通畅集中到顶盖排水泵进口隔间位置，使得顶盖排水泵在快速排完安装位置隔间的水后即停止，而待其他隔间的水缓慢集中到顶盖排水泵位置时，排水泵又再次启动，导致顶盖排水泵启动频繁，排水效果不佳。

优化建议：根据顶盖排水泵的流量大小设计顶盖内各排水连通孔大小，保证顶盖内积水能顺畅集中到顶盖排水泵位置，避免顶盖排水泵启动频繁。

2.18　机组各部位螺栓应采取防腐措施

问题描述：机组顶盖与座环连接螺栓，蜗壳进人门、锥管进人门、肘管进人门螺栓，顶盖组合面螺栓等所处的环境阴暗、潮湿，长时间运行后容易发生锈蚀，并会导致螺栓的机械性能变化，从而影响机组的安全稳定运行。

优化建议：机组各部位螺栓应设计尼龙保护套或涂刷防锈剂进行防腐处理，且此工作应该列入到设计要求里面，即在安装期间要求螺栓紧固后即刷上防锈剂，或对不常拆卸的螺栓进行刷漆防护处理，避免螺栓在长期潮湿环境下快速锈蚀，产生断裂或其他不可发生的事故。

2.19　机组平压管应设计成不锈钢材质

问题描述：目前机组在最初安装时均采用碳钢材质平压管，在机组运行一段时间以后，由于平压管内部的水流气蚀，平压管出现穿孔漏水情况，且此现象在运行几年内即出现，严重威胁机组的安全运行。

优化建议：采用不锈钢材质平压管，延长平压管使用时间和增强抗腐蚀性能。

2.20　水车室内的爬梯宜设计为平踏步并做防滑处理

问题描述：目前部分机组跨控制环的爬梯设计为圆钢管踏步结构，人员在上面行走容易出现滑跌情况，存在人员不安全风险。

优化建议：对所有原设计为圆形钢管踏步的爬梯进行优化，增设平面结构踏板，并采用防滑材料，踏板表面涂刷防滑涂料，加强摩擦系数，提高人员行走安全系数。

2.21　机组水导外循环油过滤器宜设计成双筒形式

问题描述：某些机组水导外循环油过滤器设计为单筒油过滤器，当过滤器堵塞时，降低水导循环通油量，可造成水导油位低及瓦温高现象。由于过滤器为单筒结构，无法在故障时投入备用，进行切换处理，使得机组运行风险增加，遇到过滤器堵塞必须进行停机处理。

优化建议：水导外循环油过滤器设计成双筒过滤器，一个作为主用，一个作为备用，这样便能在设备故障，过滤器堵塞时进行切换处理，无须停机，提高机组可靠性和安全性。

2.22　机组水导外循环油泵控制逻辑应考虑循环管路油流量

问题描述：在进行水轮机水导油泵的控制时，对水导油泵的控制主要采用油槽油位开关量作为控制信号，当水导油槽油位过低时，触发机组事故停机。在机组实际运行过程中，存在机组水导油泵切换过程中暂时性触发油位过低信号，也存在油位计故障，信号误发情况，这样便存在机组的事故停机风险。

优化建议：机组事故停机流程在设计时充分考虑各种可能性，增设流量监控，规避水导油槽油位过低的误信号停机风险，可考虑在水导外循环管路安装可以精确测量水导油流量的流量计（如超声波流量计），并让油流量参数参与主、备用泵启停与切换，机组事故停机等控制逻辑。

2.23　水导循环油泵联轴器应设计观察孔

问题描述：部分机型水导油泵联轴器无观察孔检修时无法直接检查联轴器缓冲垫状况，水导油泵运行状况对机组安全有着直接的影响，曾经有机组发生由于油泵联轴器缓冲垫老化而造成停机事件。

优化建议：根据联轴器护罩情况，更换带观察孔的护罩或直接在护罩上进行开孔，方便检查缓冲垫实际情况，及时发现异常并更换，确保水导循环油泵的正常运行。

图2-15　增设联轴器观察孔示意图

2.24   水轮机水导不宜采用无轴领结构

问题描述：某电站水导存在有轴领结构、无轴领结构两种结构，无轴领水导油槽结构如图2-16，其上部油槽含有上油箱及下油箱两部分，并且设置外油箱用来存油。水导外循环系统运行时油泵把油从外油箱吸至上部油槽，油泵停止运行时上部油槽油自流回外油箱。因此存在如下两个问题：

1. 由于水导油槽油位需要油泵来维持，在油泵发生故障后，油位迅速降低，需要立即停机以保护水导瓦不受损害；

2. 水导油循环系统未运行时，上部油槽无油，水导瓦暴露在空气中，水导油槽及水导瓦长时间暴露在空气中可能发生锈蚀。

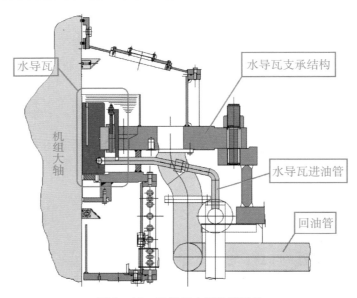

图2-16   无轴领水导油槽结构

有轴领水导油槽结构如图2-17，由于设置了轴领，其下部油槽用来存油，当油泵发生故障时水导油仍储存在油槽中，仅仅不能进行冷却，将提供相对较长的时间进行应对。水导外循环系统不运行时，油存于油槽中，水导瓦及轴承结构浸于油中，能有效防止水导锈蚀。

优化建议：通过对有轴领及无轴领结构水导油槽结构分析及实际应用，建议采用有轴领结构水导油槽。

2.25   油冷却器管路串并联结构应设计为可选择方式

问题描述：某机组水轮机导轴承采用3台油冷器，油循环管路和冷却水管路均

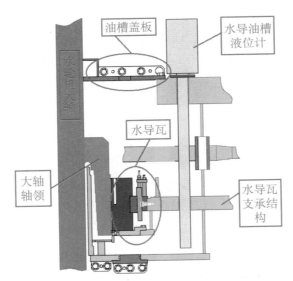

图 2-17　有轴领水导油槽结构

为并联结构，另一同类型机组水轮机导轴承亦为 3 台油冷器，油循环管路和冷却水管路均为串联结构，两者油冷器设计容量相同，水导冷却系统油、水管路尺寸、流量均相同。该机组水导轴瓦温偏高，最高达 62℃。

优化建议：结合对冷却器的冷却效率计算，串并连方式在进行管路设计时列入考虑，以便于在实际运行过程中对故障设备进行隔离以及提升冷却效果。参照同电站另一机组水轮机导轴承冷却器油路连接方式，串联冷却效果较并联方式更加合理。

2.26　水导油槽结构优化研究

问题描述：某机组下挡油环的结构是分 12 瓣，通过钢球和螺丝固定在主轴上，机组运行时甩环随主轴一起旋转。下挡油环的材料为铸铝合金，其内圆与大轴配合处设有 O 型密封圈，甩环的 12 个分瓣面之间涂有乐泰平面密封胶。当机组运行时，下挡油环在离心力的作用及受热的情况下，一方面是下挡油环与大轴之间间隙增大，使得 O 型密封圈的密封紧量减小，导致漏油，另一方面是下挡油环的刚性较差，分瓣面无法把合严密，出现间隙，使得密封胶失效导致漏油。

优化建议：在机组当前运行方式下，不改变水导主要尺寸和结构，为解决水导下挡油环漏油及水导油雾外溢问题，提出下面的方案：

1. 将原设计的铸铝合金下挡油环改为橡胶挡油环，按 Φ4005mm 直径整体制作，制作后采用开一个口绕在轴上进行紧箍把合。

2. 橡胶挡油环外侧采用两瓣钢带将其箍紧在大轴上，紧固部分采用防松结构并考虑离心力的影响。

3. 橡胶挡油环下端装有 12 瓣弧形托板，借用原轴上用于固定下挡油环的顶珠孔安装定位，用于橡胶挡油环的轴向支撑。12 瓣托板安装后形成一个整体圆环，把合面均设有防松装置。

4. 水导下油槽挡油筒上与大轴之间增设径向随动接触式密封油挡，用于防止下油槽产生的油雾向外溢出；在油挡下端装有 12 个可调整轴向支管架，调整座圈与轴的垂直度和同心度。

5. 为防止透平油在离心力的作用下，碰撞下油槽壁产生大量的油雾，在槽壁上设有缓冲吸油材料层，使具有一定速度的透平油经过缓冲吸油材料层后流向下端。

6. 为防止下油槽内产生正压，在槽壁上对称设有 2 个过滤式排空器，保证下油槽内部压力恒定。

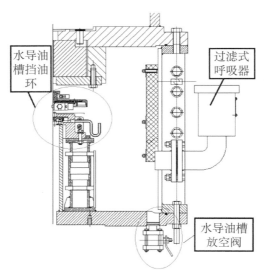

图 2 - 18　优化后的水导油槽结构

2.27　水导油槽管路布置应考虑便于日常维护检查

存在问题：机组水导油系统管路、漏油箱和水导供排油管主要集中布置在顶盖通道内，如图 2 - 19 所示。由于管路繁多导致顶盖内拥挤，人员很难在顶盖内圆周通过，对维护检修及操作工作带来不便。

优化建议：把漏油箱位置往活动导叶方向移动到合适位置，下面配置基座固定。水导供排油管沿基坑里衬布置，在供油管进外油箱附近加装球阀以便水导加油时操作。水导油泵出口后相关油管路往顶盖外围方向重新配管布置，保证顶盖通道流畅。

整体布置如图 2 - 20 所示：

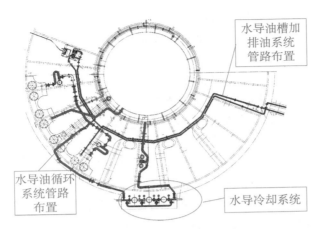

图2-19　原水导油管路布置图

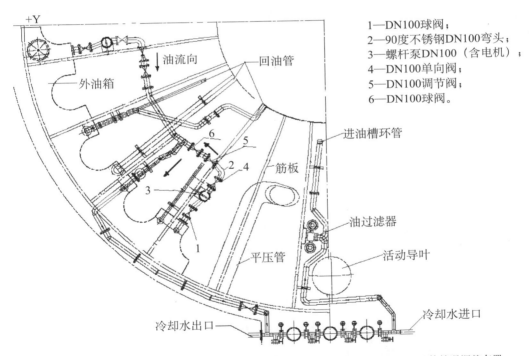

1—DN100球阀；
2—90度不锈钢DN100弯头；
3—螺杆泵DN100（含电机）；
4—DN100单向阀；
5—DN100调节阀；
6—DN100球阀。

注：在不影响顶盖通道和使用功能的情况下，管路的配弯、管道连接可根据现场具体情况调整布置。

图2-20　优化后水导油管路布置图

2.28　某机组水导油槽密封渗漏研究及优化

问题描述：某机组水导油槽由内挡油桶、底部连板、水导油槽三部分组成。其中，内挡油桶和水导油槽通过底部连板及内、外两圈压板连接成为一个整体。内挡油桶与底部连板、水导油槽与底部连板的对接表面之间分别各有一圈 Φ8 的 O 形圈作为油槽底部组合面间的密封，防止油槽底部漏油。

漏油原因分析：

1. 在现有结构形式下，相互连接的内挡油桶与底部连板、水导油槽与底部连板的连接是采用的对接方式。即将两圈压板用螺栓分别安装在内挡油桶与底部连板、水导油槽与底部连板的上表面，以达到将两部件连接成一个整体的目的（如图 2-21 所示）。此种连接方式螺栓压力的作用方向是垂直向下，平行于两部件组合面。而 O 形密封圈是安装在组合面之间的密封槽中，没有受到一个垂直作用于密封表面、压紧 O 形圈的压力。O 形圈仅仅是通过密封面之间的间隙的变化挤压变形，实现密封的作用。这种情况下，密封面圆周间隙值的大、小是否合适，是否均匀，直接影响密封圈受压、变形情况。圆周间隙不均匀，可造成密封圈圆周受力不均，导致密封圈圆周变形不一致，影响密封圈的密封效果；间隙值过大，可导致密封圈在密封槽内的变形不充分；间隙值过小，可引起密封圈在密封槽内过变形，缩短密封圈的使用寿命。

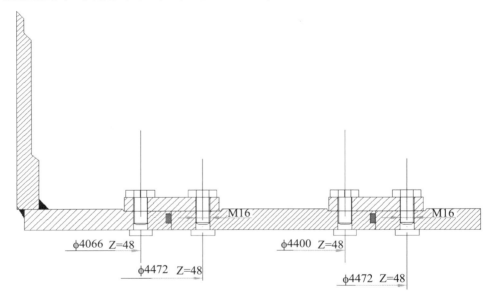

图 2-21　某水导油槽原结构图

2. 安装过程中，内挡油桶与底部连板、水导油槽与底部连板之间的同心度及水平度直接影响密封面的圆周间隙分布情况，影响密封圈的密封效果。

3. 密封槽内表面的加工精度（表面粗糙度）及尺寸精度（宽度、深度），直接影响密封圈的变形量及密封效果，密封槽内表面的表面粗糙度过大加速密封圈的磨损，缩短密封圈的使用寿命；密封槽的宽度、深度不均匀，可导致密封圈在密封槽内的变形不均匀，而产生漏油。

4. 由于相互连接的内挡油桶与底部连板、水导油槽与底部连板的连接是采用的对接方式，二者之间是通过压板连接，作用力分别作用在内挡油桶、底部连板、水导油槽上并平行于内挡油桶与底部连板、水导油槽与底部连板接触面，不能很好地起到固定相互连接的部件的作用。在机组运行时，由于机组的震动，可能导致相互连接的两个部件相互错动，导致密封圈在密封槽内发生扭曲，加速密封圈的磨损，甚至会导致密封圈的接头断裂（密封圈接头为粘接）而发生漏油。

5. 安装过程中，内挡油桶与底部连板的结合面处密封槽加工在内挡油桶上，底部连板与内挡油桶接触面的下边加工有导角。安装时，内挡油桶由下向上与底部连板连接。水导油槽与底部连板的结合面处密封槽加工在底部连板上，水导油槽的上边加工有导角。安装时，底部连板由上向下与水导油槽连接。这种结构在安装过程中，由于密封面的间隙较小，可能导致密封圈在密封槽内发生扭曲或导致密封圈接头断裂；导致漏油。

6. 接头粘接不牢，发生断裂，产生漏油。

总之，某机组现在的水导油槽的结构，存在加工精度要求高（密封槽加工，各连接件尺寸，压板螺孔中心距尺寸等），安装工艺复杂，密封结构受力不合理，易产生漏油，检修难度大等缺陷。

优化建议：采用较简易、确实可行的方案，如图 2 - 22 为改造后的某水导油槽底部图。在两条对缝的连接压板下面安装新型密封材料 185 膨化 e - PTFE 带状垫片（也可以用橡胶板密封）。连接压板为 8 块分瓣结构，且相邻两块连接压板间为间断式结构，间隔 177mm；如果用原来的连接压板直接压密封块，间隔处就无法起到密封作用。因此我们在连接压板密封块之间设计一套整圈密封压板，分 8 瓣，如图 2 - 23、图 2 - 24。安装中将圈密封压板的对接缝布置在连接压板的正下方。原来

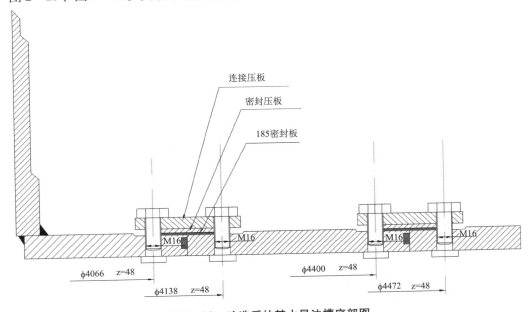

图 2 - 22　改造后的某水导油槽底部图

的对接缝中的 Φ8 的 O 形密封圈仍然安装在接缝中。为了保险起见，安装时在水导油槽底部的两条环缝中涂上乐泰胶。

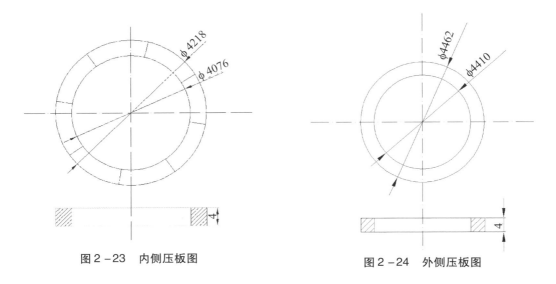

图 2-23　内侧压板图　　　　　　　　图 2-24　外侧压板图

2.29　水车室人行环道及设备表面作防滑处理

存在问题：在机组检修和运行过程中，接力器下部地面、水车室环行走道及顶盖表面都会一定程度地存在油和水，容易导致人员的滑跌摔倒。为了提高地面的摩擦系数减少工作场所滑跌事故，需对以上设备表面进行防滑处理。

优化建议：对水车室以上提及位置，适用效果较好的防滑涂料进行涂刷，增强表面防滑系数，确保人员行走安全。

2.30　机组主轴密封水箱应设计观察孔

问题描述：某机组主轴密封水箱没有安装观察孔，无法观察机组运行时水箱内清洁水的情况。

优化建议：在水箱盖板上增加一有机玻璃观察孔，方便运行维护人员进行观察。

2.31　主轴密封机械磨损指示装置应设计为刚性结构

问题描述：某机组主轴密封机械磨损量指示装置采用钢丝绳滑轮组传递显示其磨损量。由于钢丝绳长期浸泡在水中会有锈蚀情况，加上机组正常运行时，水箱内的水流力大，对水箱内的钢丝绳有一定的冲刷力，扩大测量误差、加快了钢丝绳的断裂。

优化建议：主轴密封磨损量指示装置应设计为轴杆传动。

2.32　主轴密封供水支管的设计应综合考虑材料与连接方式

问题描述：某机组主轴密封水箱内浮动环的清洁水主要由 12 根金属软管供给。机组正常运行时，由于水流力大，可能导致水箱内金属软管松动、漏水甚至脱落，直接影响机组的安全运行。

优化建议：机组主轴密封供水应设计成相对固定的不锈钢管，由于浮动环是轴向活动的，不能硬连接，所以在进水管的下端配置一小段金属软管。

2.33　主轴密封供水软管接头不宜采用卡套式接头

问题描述：主轴密封水管主要依靠卡套式接头与水管夹紧所产生的摩擦力进行连接，若安装时夹紧力太小，当机组运行时，顶盖内震动较大，加之浮动环在机组运行时上下移动，使部分主轴密封水管卡套式接头 2 脱落，导致主轴密水不能全部进入密封腔内，主轴密封缺水同时导致管路大量漏水。

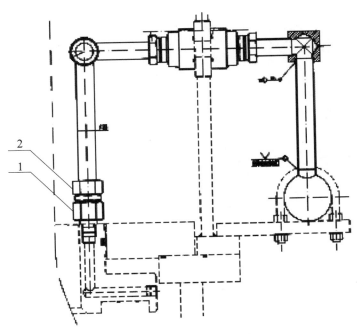

图 2 - 25　原主轴密封进水管图

优化建议：将原有的卡套式连接接头改为图 2 - 26 所示焊接式端直通管接头。

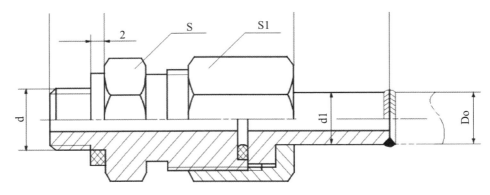

图 2 - 26　焊接式端直通管接头

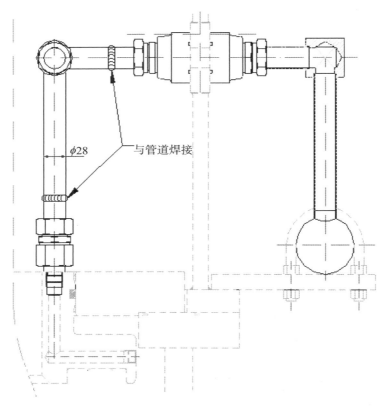

图 2 - 27　改造后安装示意图

2.34　主轴密封过滤器选型需综合考虑结构和排污方式

问题描述：目前主轴密封过滤器缺陷偏多主要存在过滤器轴封漏水，压差报警以及自动排污故障等缺陷，占主轴密封过滤器一半以上缺陷。在实际运行中，过滤器滤芯经常出现生锈导致发卡滤筒现象，不能正常排污，导致过滤器进、出口压差超标、报警，影响主轴密封的正常供水。

优化建议：在进行主轴密封过滤器选型时需全面考虑过滤器的过流量，排污方式，清洗方式等，并考虑日后运行故障的优化等。

2.35　主轴密封供水管路上的逆止阀应选择带预紧压力结构

问题描述：目前主轴密封供水系统为了确保密封水的压力及流量，均在系统管路中设置了加压泵，加压泵出口设置逆止阀，防止水流逆流导致加压泵反转。在实际运行当中，由于逆止阀选型不合理，采用的是自由升降式逆止阀，关闭预紧力只靠阀盘自身重量，所以就出现了逆止阀关闭不严，加压泵在进出口有压力差的条件下出现正转，这主要是加压泵出口压力在管路损失后小于加压泵进口压力，导致了水流的发生。

优化建议：对加压泵出口逆止阀进行换型，选择带弹簧结构的升降式逆止阀，使其在正常运行中弹簧预紧力抵消加压泵前后压差所带来的水流影响，避免了加压泵长期低速运转给水泵带来的损害。

第3章　发电机机械设备维护技术研究

3.1　磁极极间连接拉紧螺杆固定块背部应加装绝缘堵板

问题描述：某大型水电站机组运行中，因转子回路故障造成发电机裂相保护和中性点横差保护动作，转子回路发生了三点接地，机组被迫停机。停机后检查，发现转子接地的直接原因是12号、60号、72号磁极极间连接拉紧螺杆固定块背部因吸附较多的灰尘与铁屑，造成磁极与磁轭间绝缘能力降低而放电，严重威胁机组安全稳定运行。

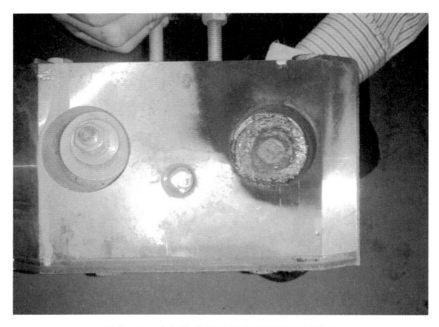

图3-1　未加装绝缘堵板前出现的烧损情况

图 3-2　固定块背部孔内加装绝缘堵板后的效果图

优化建议：为彻底解决此类问题，提高机组长期安全稳定运行的可靠性。将机组磁极极间连接拉紧螺杆处涂绝缘漆，且在固定块背部孔内加装绝缘堵板（复合型固化环氧树脂 F 级绝缘材料）。以便提高绝缘水平和有效防止粉尘及杂物落入磁极极间连接拉紧螺杆固定块背部孔内。

3.2　顶转子系统管路接头宜采用统一规格

问题描述：当机组在安装和检修期间，常常需要用油泵将压力油打入制动器顶转子；没有配备高压油减载装置的机组，当经历较长时间的停机之后，再次启动之前，亦需用油泵将压力油打入制动器顶转子。可见，水轮发电机顶转子是一项在运行维护中较常见的工作。顶转子油泵一般为可移动油泵泵站，某大型水电站共 4 种机型，各种机型制动器类型不一样，制动器顶转子接头不统一，造成不同机型需配不同类型的移动泵站和接头，增加了设备的投入成本和工作量。

优化建议：优化泵站管路连接，使泵站进出油管路符合不同类型的制动器的要求；同时，统一制动器顶转子接头类型，这样移动泵站可以满足不同类型机组的顶转子要求。

3.3　振动环境中管道定子冷却系统不宜采用管箍结构连接

问题描述：蒸发冷却系统每路回液管在经过上风洞地面时，为了安装时方便，使用特制的管箍形式限位接头，并由该限位接头对此管道连接进行密封。由于管箍式限位接头自身设计原因，其紧固螺栓只有两只，在机组风洞的振动环境下容易出现逐渐松动的问题；而其内部密封使用三元乙丙橡胶材质，又有使用寿命的局限，所以在蒸发冷却系统中使用这种接头有一定的不可靠性。某机组蒸发冷却系统曾出现冷却介质泄漏问题，就是因为连接回液管的管箍式限位接头出现松动导致。

完善建议：在振动较大的环境中，应尽量避免使用管箍式限位接头对管道进行连接，采用法兰连接最为可靠。如果安装现场空间较小不能使用标准法兰时，可设计使用特殊形式的法兰进行管道连接。如 28F 蒸发冷却系统冷凝器回液管连接最后改造为矩形法兰连接，使用丁腈橡胶 O 形圈密封的形式。

3.4　定子上方的环形管道宜采用一点接地方式

问题描述：某机组蒸发冷却系统集气环管使用管箍式限位接头连接，而集气环管与冷凝器之间的法兰连接密封垫片绝缘性能不合格，导致在机组实际运行过程中集气环管多点接地，并在环管局部出现感应电流。感应电流在流经管箍式限位接头时，因为管箍外壳与环管之间并非紧密接触，故在管道与管箍外壳之间出现放电现象，使得管箍内部密封橡胶被烧毁。此机组集气环管一管箍周围流出黑色黏稠液体，打开管箍后发现密封橡胶部分被烧熔。

完善建议：因为机组运行时的电磁感应现象，定子上方的环型管道极易出现不可定量的感应电流。在对环形管道进行接地时应采用一点接地方式，并在接地点180°位置将环形管道的导电性隔断并保证管道上其他位置的良好导电性，这样可以有效地解决环管中出现感应电流的问题，避免因为感应电流过大对机组设备造成伤害。

3.5　各部轴承油槽采取有效的防油雾措施

问题描述：机组高速运转时在离心力作用下，油槽中的油碰撞、机械损耗产生的热量膨胀，形成油雾分子从油槽的各个缝隙处溢出，冷却后形成细小油珠吸附在设备上，对机组的电气及机械设备形成污染。风洞内油雾还对发电机转子磁极、磁轭以及定子线棒造成污染，油雾与灰尘在定子铁芯通风沟处堆积，造成电机通风散热变差，严重影响发电机的散热效果。油雾和灰尘长期吸附在绝缘层上，对发电机线棒造成腐蚀，使其绝缘性能下降，加速老化，极易造成发电机线圈短路或击穿，给机组安全稳定运行带来潜在的危害，威胁发电机的安全运行。

优化建议：轴承油槽防油雾措施主要包括：1. 各部轴承油槽增加油雾吸收装置，吸收机组运行过程中轴承产生的油雾；2. 将油槽顶层盖板由间隙式密封更换为接触式密封。

3.6　机组各部轴承需设计油位测量孔

问题描述：在机组停机维护期间，需对机组各部轴承油位进行测量或进行油位整定。油位计的显示由于各种原因会出现显示误差的存在，导致运行和维护人员无法准确判断油槽实际油位。因此，各部轴承需设油位测量孔。

优化建议：选择有利于测量机组油位的位置，在油槽上增设油位测量孔。

3.7　机组推导外循环冷却系统应设计备用油泵

问题描述：当推导外循环油泵或电机出现故障时，相对应的外循环冷却装置将被迫随之退出运行，直接影响推导轴承的冷却效果，导致推导油槽油温和瓦温不断升高，甚至引起烧瓦，从而直接影响机组安全稳定运行。因此，当外循环油泵或电机出现故障时，必须有备用油泵投入运行，以保证机组的安全稳定运行。

优化建议：在现有的推导外循环冷却装置的单台油泵基础上，通过三通在原油泵的进出口油管上再并联加装一套循环油泵及相关管路互为备用。在每组外循环油泵及电机的管路上分别设置止回阀和截止阀。

3.8　机组推导冷却系统需设计油流量计

问题描述：机组运行时，需掌握冷却器的实际油流量，一方面与冷却器的设计油流量相校核，另一方面可根据油流量大小判断冷却器内油循环管路是否堵塞。同时，掌握冷却器的实际油流量，也为冷却器的改造换型提供实际有效的理论数据。

优化建议：在冷却器出油管路上选取适合位置开孔，开孔位置应位于便于流量计安装及维护的管道上且应避开管道拐弯和交汇处。

3.9　自泵油循环冷却系统的导瓦出油管与环管连接管路不宜采用橡胶软管

问题描述：采用导瓦自泵油循环冷却形式的机组，自泵瓦泵油管路出口与环管采用橡胶软管连接管箍紧固的连接形式。某大型水电站的机组运行中，自导瓦泵油管路出口与环管连接形成密闭的循环通路，使管路内形成一定的油压，将热油送入冷却器冷却后，在相对低压的出油口进入油槽，达到循环冷却的目的。检修时发现，泵油管路出口与环管进口连接的橡胶软管因为材质原因而无法承受管路中的压力，导致软管破裂，使油冷器油路形成短路现象，减少了热油的油流量，导致油槽油温较高，瓦温相应升高，直接影响机组的安全可靠运行。

优化建议：将自泵瓦泵油管路出口与环管连接的橡胶软管改为钢丝波纹软管，与自泵瓦泵油管连接端改为焊接形式，另一端采用管箍紧固连接方式。

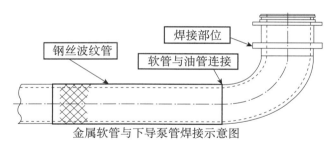

金属软管与下导泵管焊接示意图

图 3-3　下导自泵瓦泵油管路钢丝波纹管的连接方式

3.10　高压油减载系统需设计压力传感器

问题描述：机组在开、停机过程中，需启动高压油减载系统，高压油减载系统压力大小直接关系到机组能否正常开停机。机械压力表只能现场观察，不能实时监测及查询每次开停机高压油压力数据，对高压油减载系统的故障诊断带来不便。

优化建议：根据高压油系统管路的布置情况，在高压油减载系统油泵出口总管上增加压力模拟传感器，并接入监控系统。

3.11　发电机顶转子系统需设计回油箱

问题描述：发电机顶转子工作完成、移动油泵撤走之后，管路及缸体仍有少量残油，一方面残油的存在可能导致风闸动作不灵活，影响机组正常投运；另一方面，残油从制动柜顶转子油泵接口渗出，影响机组的整洁美观，见图 3-4。

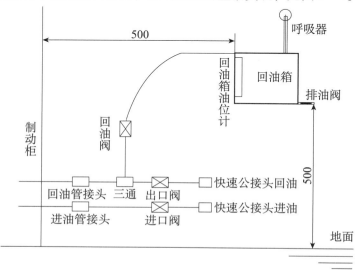

图 3-4　增设顶转子回油箱示意图

优化建议：在顶转子系统回油管上加装三通，引一回油管与回油箱相连，回油管上加装回油阀。

3.12　机组风洞内部冷却水管路应设置防结露措施

问题描述：机组风洞内冷却水管在夏季气温较高的时候，由于风洞内温度较高，而冷却水管内的温度较低，内外的温度差易造成管道外部产生结露；尤其是部分冷却水管布置在转子上方，机组运行时，结露水对机组安全稳定运行带来极大的隐患。

优化建议：风洞内部冷却水管应采取防结露措施，主要包括：1. 根据风洞内管路布置情况，对管路进行保温层包扎，可有效解决冷却水管结露现象；2. 在风洞内冷却水管上刷防结露涂料，有效吸收凝结的水分并在外部温度升高后逐步蒸发，可以有效地防止结露现象的出现。

3.13　机组推导冷却系统需设计油流量计

问题描述：机组运行时，需掌握冷却器的实际油流量，一方面与冷却器的设计油流量相校核，另一方面可根据油流量大小判断冷却器内油循环管路是否堵塞。同时，掌握冷却器的实际油流量，也为冷却器的改造换型提供实际有效的理论数据。

优化建议：在冷却器出油管路上选取适合位置开孔，开孔位置应位于便于流量计安装及维护的管道上且应避开管道拐弯和交汇处。

3.14　发电机空气冷却器进出水支管设计成橡胶伸缩节

问题描述：机组运行时，定子铁芯和定子机座受热产生一定量的膨胀，膨胀量随机组负荷的增加而增大。通常情况下，空冷器通过螺栓固定在定子机座上，因此空冷器随定子受热膨胀产生一定的径向位移量。如空冷器与进出水管路全部为刚性连接，空冷器的径向位移量使与其相连接的管道产生变形，降低了管道的使用寿命，因此在空冷器进出水管段应装有一段橡胶软管作为膨胀量的缓冲。

作为空冷器膨胀量的缓冲，橡胶软管通过管箍、螺栓与不锈钢管路把合在一起。由于橡胶软管本身具有较大的弹性形变，空冷器运行时，冷却水压力对橡胶软管产生一个张力；当空冷器停止运行后，冷却水沿出水管路自流排出，在空冷器进出水管中产生负压。在反复的张力和压力作用下，严重影响橡胶软管的使用寿命，并容易引起橡胶软管接头松动导致漏水，威胁机组的安全稳定运行。

优化建议：将橡胶软管更换为橡胶伸缩节，橡胶伸缩节具有以下优点：1. 橡胶伸缩节两端自带法兰，法兰与管路上蝶阀通过螺栓连接，大大提高了伸缩节的连接强度；2. 橡胶伸缩节安装时可产生横向、轴向、角向位移，不受管道不通心，法兰不平行的限制；3. 橡胶伸缩节工作时可降低结构传递噪声，吸振能力强。

3.15 推导外循环冷却器差压计管路接头不宜采用卡箍式

问题描述：某机组共计 6 台，推导外循环冷却器的差压计管路，采用 $\phi10mm$ 的不锈钢管路，管路接头部分采用卡套式密封结构。目前设备上安装有两种材料的卡套，一种为金属密封卡套，另一种为塑料卡套。卡套式密封不仅对管子的圆度、加工精度要求较高，同时对卡套的材质和形式也有严格的要求。卡套式密封结构，如若出现密封管路不圆，卡套损坏，就会在机组振动及管路内部油流的作用下，发生脱落，导致油泄漏。特别是塑料式卡套密封，在长时间的机组运行后，塑料卡套容易出现变形、变硬，并且失去补偿性，最终导致管接头部分脱落。

图 3-5 外循环冷却器差压计安装位置

（a）差压计管路接头

（b）金属卡套

图 3-6 卡套式接头结构

优化建议：卡套式密封因为对管子的圆度、加工精度要求较高，卡套式密封渗漏情况时有发生。为避免类似情况，可对推导外循环差压计管路连接的卡套进行换型，将目前的卡套式锥面密封形式结构，改造成结构简单、维护方便的端面密封式结构。

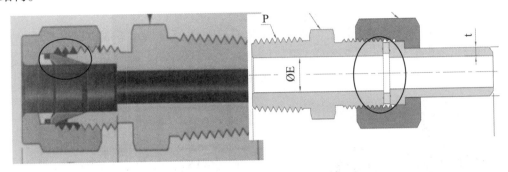

(a) 改造前卡套式密封接头结构　　　　　(b) 改造后端面密封式接头结构

图 3-7　优化改进接头前后对比图

3.16　机组地面管路应考虑防踩踏措施

问题描述：机组地面由于布置制动系统及外循环冷却系统等辅助设备，各设备管路横跨通道上，造成人员行走不便及损坏管路上的保温层，更有可能由于人员行走中的不慎踩踏造成管路松动，形成隐患。

图 3-8　未设计跨梯时管路布置图

优化建议：在横跨地面上的管路加装踏步，踏步的设计要求根据现场实际情况而定，设计原则为便于人员通行及对管路保温层进行防护。

3.17 应设计从机组上机架盖板进入转子上表面的爬梯

问题描述：部分机组的上转子爬梯设计在定子机座外围，上转子需要跨过机组汇流环，对机组汇流环存在踩踏风险。

优化建议：应设计转子上人梯，直接从上机架盖板进入，下端设置在转子上表面，这样需要进入转子上表面时，可以避开定子汇流环的电气设备，确保了人员和设备的安全。同时对爬梯应设置围笼，这样增加人员上下的安全防护。

图 3-9　现有的梯子形式　　　　图 3-10　加装护笼笼箍后的梯子

3.18 冷却水管路宜采取有效防结露措施

问题描述：机组冷却器冷却水管，在夏季温差加大时，容易在管路表面形成凝露，威胁基坑内以及集电环内的电气设备绝缘和运行安全。

优化建议：结合不同的部位管路，采取有效的防结露措施，可以采用保温层或者涂刷防结露涂料等措施，有效避免结露情况出现。

第 4 章　调速系统机械设备维护技术研究

4.1　调速系统循环过滤设计为静电滤油装置

问题描述：目前水电站调速系统设计中已考虑安装循环过滤装置，但采用的还是物理滤芯过滤性质，只是在精度上提高，未能很好解决油系统在运行过程中产生氧化油泥等胶质状杂质的问题，以及因为静电产生并附着在油管路上的大量胶质黏附物，这些胶质物颗粒具有正负极性，通常在 $0.5 - 5\mu m$ 之间，极易粘黏颗粒、金属、粉尘、纤维这类污染物，形成氧化油泥进入润滑间隙和阀件连接处，形成"砂纸样"磨损，造成核心工作元件受损，导致系统工作不正常。

优化建议：随着科学技术的发展，对于调速系统中存在的微细颗粒物，可以采用先进的原理方式进行清除，在机组设计之初即考虑将静电滤油装置替换成目前普遍采用的物理过滤装置，布置在调速系统集油槽现场进行循环过滤，提高调速系统油品品质。

4.2　调速器压油泵加卸载指示机构可设计为压力开关形式

问题描述：目前机组调速器压油泵加卸载指示机构为纯机械结构，指示杆的位移由加卸载阀的阀芯位移传动，设备实际运行过程中，出现指示杆卡阻指示不到位，指示机构切换轮变形断裂，指示杆漏油等缺陷。

优化建议：加卸载指示机构更换为压力开关结构形式。压力开关的行程值由压油泵加卸载阀内液压油的压力决定。此种形式安装简单、维护方便。封堵原加卸载指示机构管路，从压力传感器管路引出一支管作为压力开关的油源。为了便于检修，压力开关前加装检修阀。如图 4 - 1 所示。

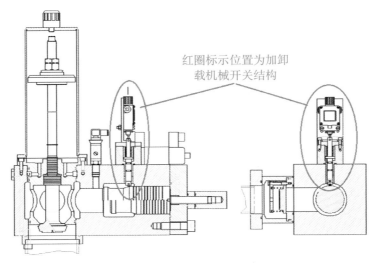

红圈标示位置为加卸载机械开关结构

图 4 - 1　压油泵加卸载机械开关结构

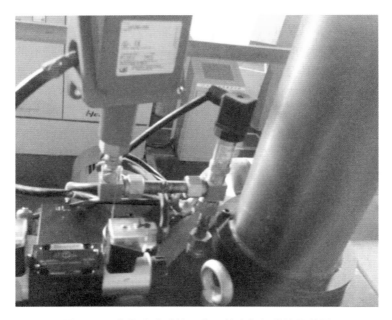

图 4 - 2　优化改进后的压力开关式加卸载信号装置

4.3　机组压力表、压力传感器前端应设计表前阀

问题描述：机组在运行时，若压力表或传感器损坏，导致无法正常显示压力及向监控系统传递数据，无法进行检修、更换，必须让机组停止运行或设备部分停止

运行。

优化建议：机组压力表、压力传感器前端设计表前阀。

4.4　调速器油泵卸载管路应设计手动阀门

问题描述：在水轮机稳定运行时，压油泵的运行方式为连续运行。通过由调速器控制柜控制的卸载阀的控制，当压力小于额定工作压力低限时油泵向系统供油（压力罐、控制系统和接力器操作系统）；当压力上升到额定工作压力时，油泵卸载向回油箱排油，以此循环不止。这种运行方式显著地提高了油泵机组的使用寿命，但电站调速器各油泵卸载管路采用并联连接方式。各油泵卸载管路未设单独的检修阀，如单个卸载管路需要检修维修时，需机组停运才能处理。

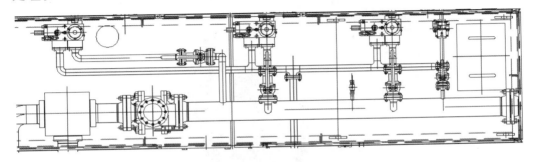

图 4-3　卸载管路连接方式

优化建议：各油泵卸载管路设单独的检修阀。

4.5　调速器自动补气装置应设检修阀

问题描述：在水轮机运行期间，由于压力很高，气体会慢慢地渗入油中；随着油的循环，油中的气体也被带入回油箱。而压力罐的压力始终在额定压力之间调整，压力罐的油位就会慢慢地上升并超过最高允许油位。此时，油位开关动作，调速器控制自动补气阀向压力罐补气，直至油位恢复正常范围。

某调速系统压油罐自动补气阀和压油罐之间的管路上未设计安装检修阀门，导致在自动补气阀需要检修维修时，必须在调速系统压油罐撤压为 0MPa 的条件下检修工作才能进行，大大延长了检修时间，降低了设备检修维护效率。

优化建议：在自动补气阀和压油罐的补气管路之间加装一个手动检修阀。自动补气阀检修时无需撤压，关闭供气总阀以及检修阀即可进行。

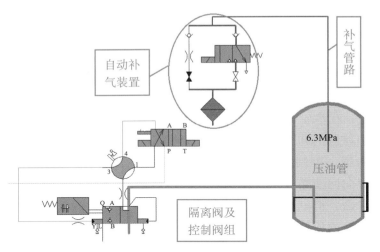

图 4 - 4   补气管路连接方式

图 4 - 5   补气装置与罐体之间增设手动隔离针阀

4.6　接力器及管路应设计漏油箱及排油泵

问题描述：机组设计过程中，往往没有考虑对机组接力器和操作油管路的检修排油，接力器设计时对排油口进行堵头封堵，这样便导致机组在检修接力器时，接力器及管路排油难度大，排油渗漏风险高，且效率低。特别是在紧急处理时，未设计接力器排油管路的接力器及管路排油工作至少需要 2 天时间，费时费力，污染环境，不利于检修。

优化建议：在进行机组设计时，对接力器设计排油管路及阀门，并在顶盖内设计漏油箱及排油泵。这样在检修时，只需要把接力器排油管路阀门开启，便能快速把接力器及其管路油排至漏油箱，直接启动排油泵把油排至油库即可，减少了排油过程中的管路及油泵连接，消除了漏油风险，提高检修效率。

4.7　机组接力器推拉杆上方需设计走道

问题描述：目前部分电站机组接力器走道平台设计不合理，在接力器推拉杆的上方未设计走道，机组运行巡检与机组日常维护极其不方便，存在很大的安全隐患。

优化建议：在接力器推拉杆的上方安装走道，给运行维护人员提供安全、方便的行走通道。

4.8　调速系统隔离阀切换手柄应增加锁锭止动装置

问题描述：某机组调速器隔离阀手自动切换阀手柄在机组开机运行状态下，容易造成误碰、误操作导致隔离阀关闭，造成机组停机。

隔离阀安装在油罐与主配之间的管道上，隔离阀由电磁阀控制。在水轮机停机期间，油泵机组停止运行时，隔离阀将自动关闭。隔离阀还配有一个手动二位四通阀（112VH），可在自动和手动两个位置切换。在自动位置时，隔离阀由隔离阀上的电磁阀控制，在手动位置时，隔离阀始终处于关闭状态。

机组运行时，如果误碰手自切换阀手柄至手动控制，隔离阀立即关闭，调速系统失去压力油源，操作导叶所需压力油全由增压油泵提供，系统压力会产生剧烈波动。如果不及时恢复切换阀，低于事故油压后，机组会事故停机。

优化建议：安装锁定支架并挂锁防止误操作。

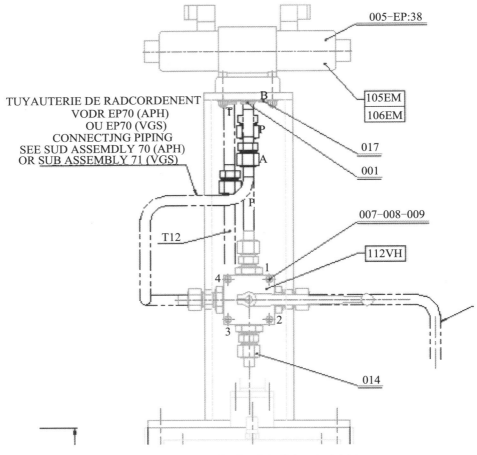

图 4 - 6　机组运行时手自切换阀手柄位置

图 4 - 7　增设手自切换阀手柄闭锁装置

4.9　调速系统阀组控制油应与操作油分离

问题描述：某电站调速器系统油泵卸载阀属无差压式结构。油泵加载电磁阀所需的压力油来自油泵出口压力，正常运行时油泵出口压力为系统管道压力，未出现油泵不能加载的情况。但在机组开机前液压系统启动时加载电磁阀的压力油为该油泵的卸载压力，其部分机组均发生过开机不成功的事件，原因是油泵在得到启动指令且加载电磁阀已得电的情况下，油泵并不能在规定的时间内加载使系统建压，从而导致开机不成功。在试验中，随着油泵卸载压力的逐步调高，油泵加载电磁阀从得电动作到开始加载所需的时间也逐步缩短。

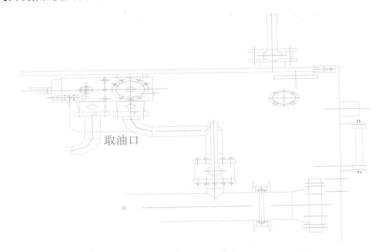

图 4 - 8　改造前油泵加卸载控制油源

优化建议：将阀组控制油与管道系统油分离，油源取至压力油罐内压力油。优化后，无论系统管道是否建压，油泵阀组也有恒定的压力油供给加载电磁阀。

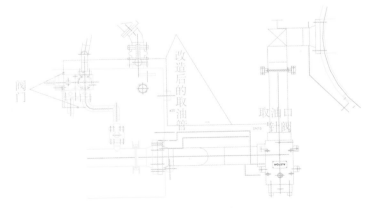

图 4 - 9　取自压油管出口的压力控制油示意图

4.10　机组集油槽冷却器冷却水管应采用不锈钢材料

问题描述：某电站机组集油槽各配有一台冷却器，为管壳式油水热交换器，冷却调速器集油槽油温。进出水管均为碳钢材料，其中暴露在外部分管路焊缝在夏季发生多次漏水，由于夏季室温高，一旦冷却器出现故障，集油槽油温在数小时内就可升到集油槽报警油温。影响机组的调速系统的调速品质。

优化建议：有必要把机组集油槽冷却器冷却水管下游侧供水管更换为不锈钢材料，以消除隐患，保证设备正常运行。

4.11　检修漏油箱排油泵不建议采用离心泵

问题描述：某机组检修期间水导排油时发现漏油箱油泵不能正常工作，经多次试验油泵未能出油，说明油泵的自吸能力较差。加上油泵吸油管比较长，特别到水导外油箱的吸油管长达 3 ~ 4m，这时泵根本就无法排油。

优化建议：机组检修漏油箱排油泵应设计成根据现场实际情况对油泵流量及吸出高程进行选择，以保证排油工作的顺利实施。

4.12　调速器系统压力油罐应设置手动供油总阀

问题描述：某电站调速器压力油罐与主配压阀之间只有一个手自动控制隔离阀，由于隔离阀存在一定的泄漏，当隔离阀以及液压系统需检修时，压油罐都必须撤压、排油。

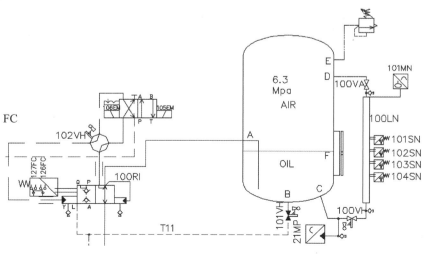

图 4 - 10　油罐出口压力油管路只设置隔离阀

优化建议：在油罐与隔离阀之间安装一个手动供油总阀。

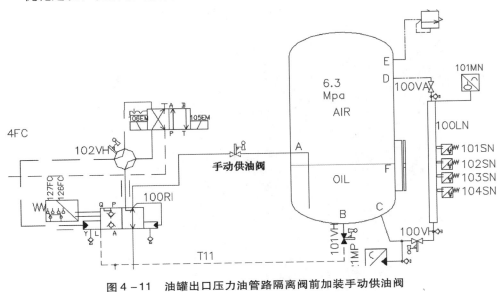

图 4-11　油罐出口压力油管路隔离阀前加装手动供油阀

4.13　调速器集油槽循环过滤器进出油口分区设置

问题描述：某电站调速器集油槽内部有约 1.2m 高的隔板把油槽分为冷油区和热油区，在主配压阀附近处隔板开口以便冷热油强迫循环。循环过滤装置进口和出口均布置在热油区且进口和出口相对位置过近。循环过滤装置运行时，造成油槽内油局部循环。达不到理想效果。

如图 4-12，机组运行时冷热油循环路线为：系统热油→经主配、分段关闭排油时的残压强迫→冷油区，与冷油充分混合后→经压油泵强迫→集油槽冷却器冷却后，与系统热油充分混合后经主配、分段关闭排油时残压强迫→冷油区。

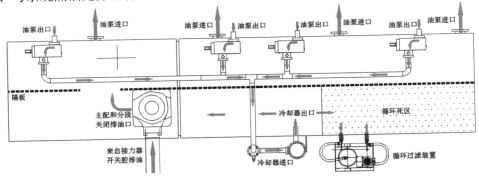

图 4-12　机组运行时（俯视油槽）油循环路线图

优化建议：将循环过滤装置出口通过管路穿过隔板延长至冷油区附近。机组运行时，循环过滤装置会把死区油带入冷油区，同时冷却器不断给死区注入新油。

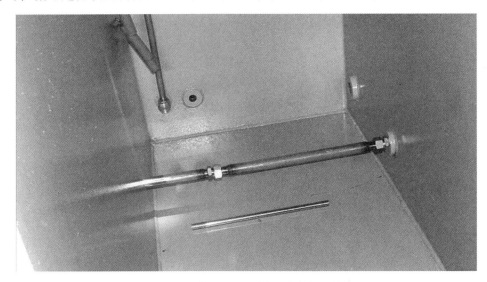

图 4 – 13　优化改进后循环过滤出口管路

第5章　在线监测系统设备维护技术研究

5.1　振摆监测系统压力脉动测压管前设计阀门

问题描述：部分振摆监测系统压力脉动传感器与取水管直连，前端未安装检修阀门，当传感器损坏或者螺纹连接部位漏水需处理时，由于机组未排水，无法及时处理。

优化建议：在取水管与传感器之间设置检修阀门，同时取水管应保证足够通径以免被泥沙堵塞，影响测量结果。

5.2　二次系统盘柜显示器规格选型应统一

问题描述：具有相同功能而又属于不同厂家的二次系统盘柜，显示器规格往往不一样，同一厂家的系统显示器规格也有差别，一方面给备品备件带来不便，另一方面，由于时间久远，某种型号显示器停产，不得不采用另一种规格显示器时，盘柜面板开口尺寸与显示器规格不匹配，给更换工作带来不便。

优化建议：电厂二次系统规划期间，所有盘柜显示器应统一选型，应指定一种或两种规格。同一功能的二次系统统一选用一家品牌一种规格。

5.3　具有相似功能的二次系统选用一套系统

问题描述：能实现相似功能的二次系统可选择很多厂家，各厂家在系统功能、硬件设计、软件算法、通信协议等方面有很大差别，这一方面给维护工作带来不便，一方面由于算法的不同，对数据准确性带来一定影响，不便于横向比较分析。

优化建议：电站在建设初期，无法判断哪家产品孰优孰劣，可采用两、三家公司的产品，经过一段时间运行，及时评估、判断哪家产品性能最适合，电站建设中、后期统一采用这家公司的产品。

5.4 二次系统设计应总体规划、统一布线

问题描述：由于电站运行、管理的需要，往往投运了很多二次系统，各二次系统实现不同的功能，隶属于不同厂家，各厂家在设计产品时，只考虑了产品的功能性，未长远考虑电站二次系统的管理，往往采用不同的通信方式（通信协议、光缆选型等），给二次系统集成、管理带来众多不便。

优化建议：电站在建设初期，应长远考虑二次系统的管理，对各系统的电缆、光缆选型、编号、系统接口、通信规约等统一规定。光缆的铺设统一进行。具有相似功能的二次系统选用同一规格光缆。

5.5 具有相同功能的传感器规格选型应统一

问题描述：二次系统传感器众多，有些传感器功能相似，但属于不同厂家产品，外观、接口、供电、输出电压等不一样，这给维护功能、备品备件管理带来众多不便。

优化建议：具有相近功能的传感器，即使属于不同系统，在选型时，尽量选择同一厂家的产品，供电电压、输出电压、安装方式尽可能保持一致。

5.6 在线监测系统应接入监控及分析系统

问题描述：当前新安装电站机组基本上设计安装了振摆在线监测系统，但由于设计独立性，未与整个电站的诊断分析系统相接入，导致其系统数据分析未能很好地与其他运行参数共同分析诊断，功能未能最大化发挥。

优化建议：在机组安装初期，即将振摆在线监测系统作为机组诊断系统一部分进行统一设计安装，便于后续对机组系统数据在同一平台上分析，利于效果和效率，也有利于机组的智能化诊断维护。

5.7 趋势分析系统应设自动记录表单功能

问题描述：趋势分析系统虽然有储存数据和记录功能，但是由于其设备空间和读取效率的需求，往往时间久远的数据在系统中被稀释，部分数据点之间的数值间隔超过几个小时，数据的分析效能不强，无法调用以前的数据进行长期对比。

优化建议：建议开发自动数据记录功能模块，并指定数据存放，每小时记录一个当前机组运行所有设备数据数值，每天生成一个记录表单并指定位置存放，这样

我们在后面需要调阅前期数据时，查找浏览即可。

5.8　机组应设气隙检测并接入设备诊断系统

问题描述：机组气隙作为转子圆度和机组振摆分析的一个重要数据源，很多电站机组未设计安装，这样便导致我们在分析机组摆度偏大时，没有数据进行判断是否是由于间隙不均匀导致的磁拉力不平衡。

优化建议：机组气隙监测系统作为振摆检测的一部分，应该在机组安装阶段随机组安装，并与机组振摆检测一并接入分析系统，作为机组振动摆度和转子圆度测量的一个重要手段，便于分析和处理机组运行期间的摆度过大等问题。

5.9　机组上导摆度传感器不宜安装在转子上方

问题描述：目前部分机组的在线监测系统，传感器安装部位未做统一布置，上导摆度传感器安装在上机架与转子之间，一旦传感器出现故障需要检查维护时，按检修条件需要上到转子上表面，其需要的控制措施较大，往往不能满足检修要求导致维护滞后。

优化建议：将上导振摆测量传感器布置在机头集电环位置，这样便于日常对传感器的维护和检修，检修时亦不需要扩大检修措施，提高设备维护可靠性和效率。

第6章 辅助设备维护技术研究

6.1 技术供水滤水器排污管应加装放空阀

问题描述：滤水器及排污管路无放空阀，设备检修时无法排水。

完善建议：采用"闸阀+快速接头"形式，在每台滤水器排污管上加装放空阀。设备检修时，关闭滤水器排污总阀，用消防水带连接快速接头，开启闸阀即可迅速将滤水器及管道积水排至排水沟，快捷高效。设备具有高通用性、高利用率的特点。

6.2 技术供水滤水器出口蝶阀安装方向应设计为逆水流方向

问题描述：技术供水系统在施工时，滤水器出口蝶阀安装方向为顺水流方向。在滤水器检修时，全关滤水器进出口阀，滤水器内部泄压后，其出口阀逆向承压，导致阀门关闭时密封不严，漏水量大，增加检修难度。

完善建议：将滤水器出口蝶阀安装方向更改为逆水流方向。阀门全开时不受影响，阀门全关时可有效止水。

6.3 技术供水滤水器排污总阀宜选用弹性座闸阀

问题描述：技术供水系统设计选型的滤水器排污总阀为蝶阀，因其结构限制，阀门全开时，阀板仍阻碍了部分流道通径，滤水器排污时杂质被阀板挡住，影响排污效果，且蝶阀安装为顺水流方向，设备检修时，全关排污总阀因其逆向承压不能有效止水，不能将设备与尾水彻底隔离，影响检修作业。

完善建议：技术供水滤水器排污总阀选型为弹性座闸阀，排污时流道畅通，不会发生杂质受阻堆积现象，且关闭阀门即可有效止水，提高检修效率。

6.4　技术供水系统加装二级减压阀

问题描述：在高水头电站，由于水头高，导致整个技术供水系统取水压力大，减压阀前后压差过大，使得减压阀工作时开度减小，震动、噪声大幅增长，降低设备使用寿命。

完善建议：在技术供水系统减压阀前加装一台定比例减压阀，采用二级减压的方法，用两台减压阀分担减压任务。提高设备稳定性，增加设备使用寿命。

6.5　技术供水系统空冷器冷却水需设计正反向供排水结构

问题描述：由于空间狭窄，设备布置紧凑，原设计方案技术供水系统为单向供水，没有考虑到供水系统反向供水问题。机组长期单方向供水，可能会造成冷却器等设备转角处泥沙、渣质沉积，降低热交换效率。

完善建议：对技术供水系统部分管路进行设计时，使供水系统具备正反双向供水条件，一旦发生泥沙沉积现象，则进行正反向倒换，供水管路及用水设备不易发生堵塞，可以提高技术供水系统运行稳定性。

6.6　技术供水系统应设计检修平台

问题描述：技术供水系统管道及阀门安装高度约 1m，巡回检查及设备维护时，需要攀爬翻越设备和管路，易造成设备误碰和人员滑跌等人身伤害。

完善建议：加装检修平台。方便巡检、维护，降低人身伤害和误碰设备的可能性。

6.7　厂房应考虑设计清洁池

问题描述：当前电站厂房内，需要进行频繁的卫生清洁，包括厂坝平台、主厂房及上、下游副厂房各层位置，由于原设计未考虑保洁用水水源及排水问题，导致需要在后期加装保洁专用水池及供排水管。

完善建议：在主厂房、下游副厂房技术供水各层适当位置设计专用水池及供排水管以保证厂房内清洁用水排水。

6.8　深井泵润滑水系统应当增加备用润滑水装置

问题描述：深井泵的泵轴为橡胶轴承，依靠水来润滑。目前的排水泵润滑水投入方式是在电机启动前 5min 时投入，以润滑泵轴的橡胶轴承，当出水管有水流出后润滑水就可以停止供水，但是当水润滑轴承排水泵外部润滑水供水管路停水时，排水泵无法正常启动，就会存在集水井高出警戒水位的风险。

完善建议：对水润滑轴承排水泵增加备用润滑水装置，可以在泵房外部润滑水供水中断时，提供备用润滑水，以保障排水泵的正常运行。

6.9　技术供水蜗壳取水口拦污栅宜采用立体结构

问题描述：蜗壳取水口拦污栅采用平面结构，易发生拦污栅堵塞，导致机组技术供水流量和压力降低，危及机组正常运行。

图 6-1　平面结构的蜗壳取水口

完善建议：在顺水流方向的隔栅上加焊厚度 12mm、高度 70mm 的导流筋板，能有效降低污物附着到拦污栅的数量，便于水流将其冲掉。

6.10　埋管宜采用不锈钢管

问题描述：埋管采用普通钢管，易锈蚀发生穿孔漏水，水电站厂房结构复杂，不能随意开挖，重要部位漏水后无法采取补救措施。

完善建议：埋管宜采用不锈钢管，以降低埋管锈蚀漏水的风险。

6.11　低转速电动机宜采用润滑脂润滑

问题描述：低转速电动机采用润滑油进行润滑，需依靠泵来提供循环动力，且易发生润滑油渗油现象，如润滑油不足且未及时添加，易造成电动机因润滑不足而产生过热现象，影响设备及环境安全。

完善建议：低转速电动机采用润滑脂进行润滑，可取消用于提供循环动力的泵，节约成本、节省能源，同时减少设备维护的工作量。

6.12　调速系统液压油系统设为独立系统

问题描述：目前水电站设计由于三部轴承在机组运转时会产生金属粉末，而这些金属粉末会随着油的循环扩散到整个系统，进而影响到调速器各精密阀组的正常运转，对调速系统安全、平稳运行造成影响。

完善建议：将调速系统液压油与三部轴承润滑油完全隔离开来。调速系统液压用油单独设储油罐以及加排油管网。

6.13　储气罐应设计自动排污阀

问题描述：储气罐未设置自动排污阀，需要排污时只能手动排污。

完善建议：在储气罐手动排污阀管路上加装自动排污装置，根据储气罐内积液液位高度自动排污，提高工作效率，保证压缩空气质量。

6.14　封闭母线微正压供气系统宜采用无油空压机

问题描述：封闭母线微正压供气系统采用油润滑空压机。其产生的压缩空气含油量、含水量较高，储气罐出口设置的冷冻干燥机和除油过滤器不能完全滤除压缩空气中的油雾和水分，致使封闭母线补气柜内干燥塔分子筛失效较快，失去干燥除水功能，导致含油、含水气体进入封闭母线内，影响封闭母线安全运行。

完善建议：封闭母线微正压供气系统采用无油空压机，以确保空气质量，保障设备运行安全。

6.15　室内空压机应设计通风或空调系统

问题描述：空压机房因通风不畅，每当设备运行时会产生热空气，大量热空气聚集在室内无法排除致使空压机室温度升高，室内温度过高严重影响空压机的工作质量和造气能力，会引起空压机、冷干机等设备跳停，将严重影响发电设备的正常运行。

完善建议：空压机房外墙应设置进排风口，并在排风口处增设一个边墙式轴流送风机，以提高空压机室内热风的交换率。

6.16　布置有设备的廊道宜采用风管通风

问题描述：水电站廊道内空气湿度大，廊道内的电气设备腐蚀严重，频繁报警，部分墙面结露滴水严重，影响设备安全运行。

完善建议：在廊道内设计新风系统，在每个有电气设备的区域架设风管开风口，并可在总进风口处安装除湿设备对空气进行除湿处理。

6.17　中央空调风管宜采用彩钢风管

问题描述：目前大部分中央空调系统为了节约成本采用玻璃钢材质风管。

完善建议：水电站内湿度较大，送风风压较大，玻璃钢材质风管容易变形生锈，使用寿命不长。宜采用强度和耐腐蚀性更好的彩钢管制作风管。

6.18　水电站中央空调系统可采用冷水机组

问题描述：目前绝大多数水电站均使用风冷冷水机组，能效比偏低。

完善建议：水电站拥有天然水资源，可采用水冷冷水机组，利用河流修建蓄水池或者将主变等冷却水收集起来作为冷源对机组制冷，可以大幅提高能效比，降低厂用电指标。

6.19　大湿度环境下螺杆式空压机运行方式调整及结构优化

问题描述：螺杆式空压机在空气湿度较大的环境中运行，由于运行时间短，环境湿度大，加载过程中空压机气路、油路中产生凝结水，造成空压机润滑油油质变差，电磁阀进水卡涩，最终出现空压机加、卸载失败等故障，严重影响空压机稳定运行。

优化建议：1. 改变空压机运行方式，将原有的间断运行方式更改为连续运行方式，增加空压机运行时间，提高空压机运行温度，减少凝结水；2. 电磁阀安装方向改变，将原有的电磁阀排气孔向上安装方式改为排气孔向下安装，让排气过程中随压缩空气带入的凝结水自然流出，防止电磁阀进水卡涩。

第7章　重要技术研究项目总结

7.1　冬季机组开机后水导瓦温变化规律研究

1. 现象描述：大型机组的水导瓦在冬季长时间停机后再开机的过程中，瓦温都会逐渐升高，而后再回落到一稳定值。但是每台机组瓦温最大值与稳定值的变化范围以及开机后瓦温达到稳定值的时间也各有差异，这说明水导瓦温开机后的变化规律与本台机组初始环境油温、冷却水流量、油泵输油效率、水导瓦间隙等有着密切的关系。此次针对大型机组长时间停机后再次开机的瓦温变化进行研究，以指导和掌握机组运行规律。

2. 分析研究：为了了解大型机组水导轴承瓦温在冬季开机后瓦温变化规律，我们选取了四种机型进行数据分析和技术研究。

● 第一种机型

机组停机满15天，于3月份开机，此时水导冷却水水温为15.8℃。

表 7-1　机组一开机后水导瓦温变化表

运行时间（h）	水导瓦温（℃）				油温（℃）
	1	2	3	4	
0	37.8	35.9	14.1	14.5	14.4
3	55.8	52.3	38.5	36.4	26.7
4	58.3	54.4	42.9	42.5	30.6
4.5	59.3	55.4	45.1	45	32.6
6	55.2	51.3	45.6	45.7	32.6
10	55.2	50.8	43.6	43.5	32.7

第一种机型规律：此类型机组开机9h后瓦温升至最大值，其后缓慢下降，至24h后趋于稳定；油温经过6h后趋于稳定。最大值与最终稳定值，瓦温差距2.2℃左右，油温差距2℃左右。

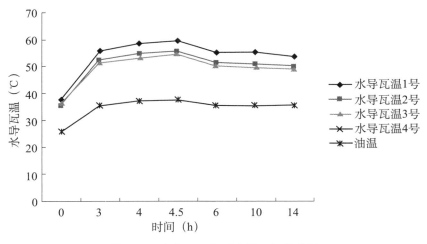

图 7-1 机组一开机后水导瓦温趋势图

● 第二种机型

停机满 1 个月, 2008 年 1 月 11 日开机, 水导冷却水进水水温 15.2℃。

表 7-2 机组二水导瓦温开机后瓦温记录表

运行时间 (h)	水导瓦温 (℃)				油温 (℃)
	1	2	3	4	
0	17.5	17.8	17.6	17.7	18.4
3	50	50	50	52.9	40.4
6	56.5	56.5	56.4	59	45.8
10	56	56	55.9	58.5	45.9
14	54.6	54.1	54.5	56.7	45.4
16	53.7	53.6	54.1	55.7	44.4

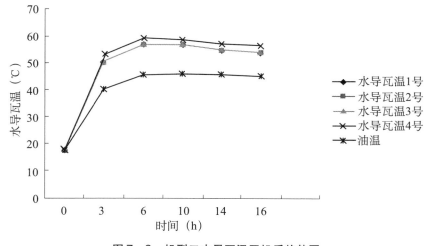

图 7-2 机型二水导瓦温开机后趋势图

第二种机型规律：开机 6h 后瓦温升至最大值，其后缓慢下降，至 16h 后趋于稳定，而油温在 6h 后趋于稳定。最大值与最终稳定值，瓦温差距 3℃ 左右，油温差距 0.5℃ 左右。

● 第三种机型

机组停机满 1 个月，2009 年 1 月 1 日开机，水导冷却水水温 13℃。

表 7 - 3　机组三水导瓦温开机后瓦温记录表

运行时间（h）	水导瓦温（℃）				油槽油温（℃）
	1	2	3	4	
0	18.2	18.2	18.2	18.4	18.5
3	39.5	44.4	43.0	40.9	36.7
6	48.7	54.5	52.4	50.2	42.0
9	51.2	57.3	55.2	52.9	43.3
14	51.6	57.8	55.8	53.4	43.8
16	50.8	57.0	55.0	52.6	43.6
20	50.8	57.0	55.1	52.7	43.5

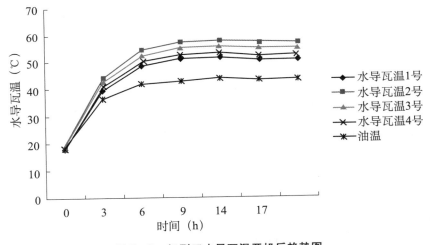

图 7 - 3　机型三水导瓦温开机后趋势图

第三种机型规律：开机 14h 后瓦温至最大值，其后下降至 16h 后趋于稳定，而油温在 9h 后趋于稳定。最大值与最终稳定值，瓦温差距 0.8℃ 左右，油温相差 0.2℃。

● 第四种机型

机组停机满 1 个月，2011 年 1 月 10 日开机，水导冷却水温 14.9℃。

表7-4　机组四水导瓦温开机后瓦温记录表

运行时间（h）	水导瓦温（℃）				油温（℃）
	1	2	3	4	
0	26	29.7	28.7	29.1	21.44
3	55.7	57.4	57	59.2	36.55
6	58.2	59.2	59.2	61.4	38.01
9	57.2	58.5	58.3	60.5	38.01
12	56.1	57.8	57.4	59.7	38.01
20	54.7	56.7	56.2	58.5	37.77

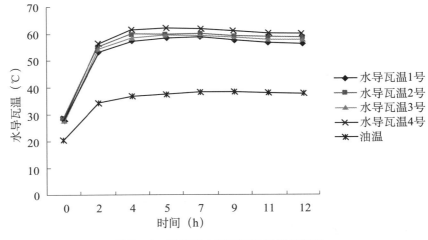

图7-4　机型四水导瓦温开机后趋势图

第四种机型规律：开机6h后瓦温升至最大值，其后缓慢下降至20h后趋于稳定，油温在6h后趋于稳定。最大值与最终稳定值，瓦温差距3℃左右。

3. 研究结论：通过收集分析不同机型冬季长时间停机后机组开机运行，水导瓦温的变化规律，可知由于冬季气温低，冷却水温度低，机组在长时间停机后，油槽内油温较低，致使润滑油的黏度较大，润滑性、流动性和散热性能较差，机组开机后，油不能将轴承摩擦产生的热量及时、有效地带走，导致瓦温升高，当油温升高后，其散热速度加快，瓦温就回落至某一热交换平衡点稳定运行。掌握了冬季机组开机后瓦温的变化规律，更有利于我们跟踪观察，把握好机组运行状态，进一步指导我们对设备的诊断。

7.2　某机组导叶拒动处理技术研究

1. 现象描述：某机组在投产运行几年后，随着水头的增加，机组开机过程中，接力器开关腔的压差越来越大，最后出现了开机过程中导叶小开度下（当导叶开度为2%时），导叶出现拒动，接力器开关腔的最大压差达到调速系统额定压力6.3MPa，无法继续开启导叶，开机失败。

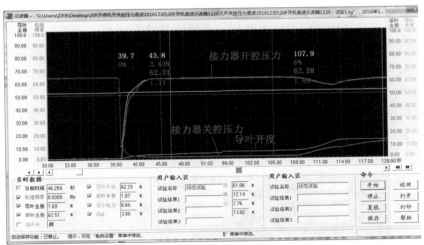

图7-5　导叶拒动时开机过程接力器开关腔压力测量

2.分析研究：由于机组在开机过程中，调速器液压系统正常，电气回路以及主配控制均正常，据此排除了调速系统故障导致的导叶拒动原因；而分析机组导叶拒动的原因则是机组机械阻力增加，导致接力器操作力与阻力达到平衡，所以导叶某一工况下无法开启。

为了更好地分析和检查设备故障原因，我们进行了以下一系列的检查和试验，其中包括：

（1）过流部件检查，接力器水平检查及解体检查；

（2）控制环与顶盖间立面、水平抗磨块检查；

（3）控制环形态检测；

（4）导叶双联板检查；

（5）副拐臂与控制环高程差检查；

（6）主拐臂检查；

（7）上轴套检查；

（8）中轴套检查；

（9）单个导叶开关力矩的检查；

（10）接力器动作试验。

通过对机组一系列的检查，我们发现24个导叶中，21个导叶中轴套内径比图纸设计尺寸偏小（导叶中轴套设计 $\Phi530mm + 0.10mm$，实际测量最小为 $\Phi529.64mm$，中轴套设计间隙为 $0.70 \sim 0.92mm$），9个导叶副拐臂与控制环存在高差（副拐臂与控制环应在同一高程，实际副拐臂高程高于控制环高程最大为5.9mm，低于控制环高程最大为6.3mm）。

　　中轴套内径小于设计值会导致轴套与导叶轴颈之间的摩擦力增大，副拐臂与控制环存在高差，也会使摩擦力增加，从而增加接力器的阻力矩。

　　3. 处理过程：针对检查过程中发现的问题，我们针对性地进行了以下处理措施：

● 副拐臂与控制环高程差偏大处理：副拐臂与控制环产生高程差的原因是由于加工副拐臂前端上下表面时与基准面发生偏差，导致副拐臂前端与后端发生偏差而引起的。对高程差超过 2mm 的副拐臂进行机加工，使其与控制环保持在同一水平，水平偏差值在设计范围以内。

● 主拐臂处理：更换新抗磨块，1 号主拐臂下法兰面进行了补焊、抛光加工。

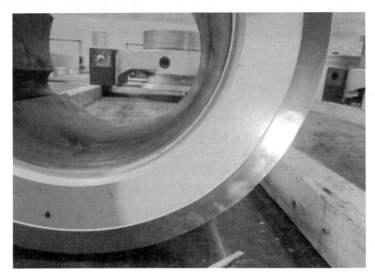

图 7-6　主拐臂更换新的抗磨板

图 7-7　主拐臂处理后

● 中轴套处理：对超差的 21 个中轴套进行加工，扩大内径，使其尺寸与导叶臂的间隙满足设计要求。

在对机组处理完成后，我们还进行了试验，并对实验数据做了对比分析，

表 7-5　活动导叶开启力矩检修前后对比

导叶开度	0～2%	2%～6%	6%～10%	10%～20%	20%～30%	30%～40%	40%～50%
修前总力矩（Nm）	52230	51525	47723	43352	40024	37763	35510
修后总力矩（Nm）	37974	34060	29831	26160	23666	22017	20466
力矩总差值（Nm）	14256	17465	17892	17192	16358	15746	15044
修前平均力矩（Nm）	2374	2342	2169	1971	1819	1716	1614
修后平均力矩（Nm）	1726	1548	1356	1189	1076	1001	930
力矩平均差值（Nm）	648	794	813	781	744	716	684

表 7-6　活动导叶关闭力矩检修前后对比

导叶开度	6%～2%	10%～6%	20%～10%	30%～20%	40%～30%	50%～40%
修前总力矩（Nm）	58663	53297	49419	40958	37530	35446
修后总力矩（Nm）	25036	22207	21264	19568	19405	19521
力矩总差值（Nm）	33627	31090	28155	21390	18125	15926
修前平均力矩（Nm）	2933	2665	2471	2048	1877	1772
修后平均力矩（Nm）	1252	1110	1063	978	970	976
力矩平均差值（Nm）	1681	1555	1408	1069	906	796

修前在开机时接力器开关腔压差为 6.3MPa，导叶停止动作，修后在开机时接力器开关腔压差最大为 5MPa，比修前减小了 1.3MPa，机组开关正常。

4. 研究结论：通过对机组所发生的导叶拒动进行分析以及后续的处理研究，我们主要获得以下一些研究结论：

● 机组在安装过程中必须严格控制质量，验收时，各部控制尺寸符合设计要求。

● 加强对设备的出厂验收，以保证设备加工质量，提高设备出厂品质。

● 对接力器的设计容量，需要把机组机械阻力和水流阻力充分考虑，并预留足够的操作余量。

● 机组运行过程中应避开机组的涡带工况区，使机组在最优工况下运行，避免机组运行工况不佳导致机组机械设备的异常变化。

● 对导叶中轴套的材质进行优化，减少由于材料在水中长时间运行膨胀所带来的尺寸偏差增大导叶旋转阻力。

7.3 推导油槽油位季节性报警研究

1. 现象描述：某电站机组投产以来，受环境温度、机组状态等因素影响，三种机型机组在运行中推导油槽油位均出现了油位上涨，多台机的推导油槽油位出现报警并越高限现象。针对此现象，在趋势分析系统查询历史数据，发现机组开机时在轴向离心力的作用下会引起推导油槽油位上升，三种不同机型开机过程油位上升程度各不相同；同时水轮机出力的变化会稍微引起油位小幅变化；运行中的机组油位变化与油温的变化有密切联系，随着油温上升，三种机型的推导油槽油位均出现不同程度上涨，且不同机组间，随温度变化，油位变化的幅度也有差别，根据历史数据对油位和温度分别进行了分析对比及理论计算，发现推导油槽油位和温度变化均具有很强的线性关系。

2. 分析研究：通过对现象的数据研究，为了全面了解推导油槽油位在夏季油位上涨并出现越限报警的情况，主要从油槽结构、开机对油位影响以及油温对液位影响三个方面进行分析研究。

1）推导油槽结构及油位影响因素

推力轴承与下导轴承为共油槽结构，部分机组推力/下导油槽采用自泵式内循环水冷的方式润滑冷却，某机组推力/下导油槽采用外循环水冷的方式润滑冷却，推力轴承与下导轴承油路互连但又相对独立，图7-8为某机组推导油槽结构图，图7-9为另一机组推导油槽结构图。在旋转部件的粘滞泵效应作用下，冷热油流在设计通道内循环往复的流动以实现对轴承的润滑与冷却。开机时，在轴向离心力的作用下会使油位上升。运行中，油槽动油位在油槽内部结构稳定，外部环境无变化的情况下，将会达到一个稳定的动态平衡油位并长期保持。由于油槽结构不同，其用油量不同，导致其油槽液位在开机运行过程中液位上升值亦存在一定差值。

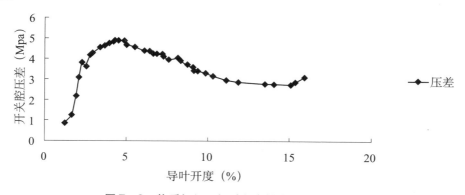

图7-8　修后机组开机过程中接力器开关腔压差

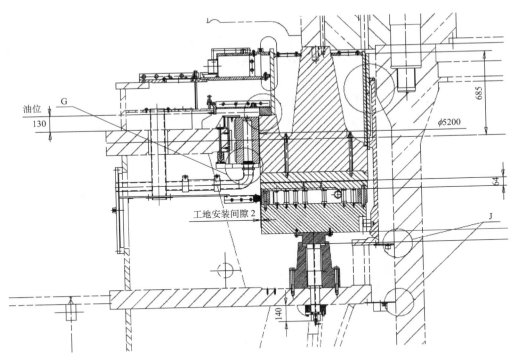

图 7 − 9　某机组推导油槽结构图

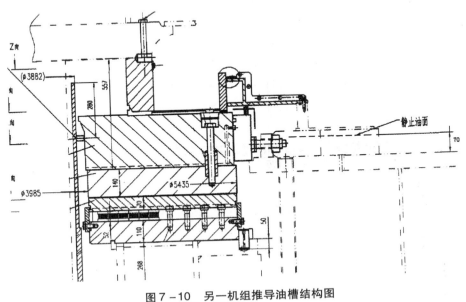

图 7 − 10　另一机组推导油槽结构图

2）开机过程推导油槽油位变化

不同机型由于油槽结构型式、体积、机组运行状态等因素，在开机过程中，油位上升值会有较大差异，而同种机型因为机组安装情况，测量元件等因素，在开机过程中，油位的上升值会略有差异。每个机型机组我们选用 2012 年的四次开机过程记录的历史数据进行分析，时间尽量选取不同的季节，作出机组开机过程及水轮机出力变化时的油位变化曲线，我们可以发现同型号机组，开机过程中油位的变化大致相同，A 机组开机过程中油位变化范围为 20～30mm，B 机组开机过程中油位变化范围为 20～40mm，C 机组开机过程油位变化范围为 30～50mm。图 7－11、图 7－12、图 7－13 分别为机型 A－1/2，机型 B－1/2 及机型 C－1/2 开机时油位的变化曲线。在图上可以看出，发电机有功的波动也会引起推导油槽油位的波动，但有功变化对油位波动的幅度影响很小，有功波动 100MW，油位波动在 ±5mm 以内。

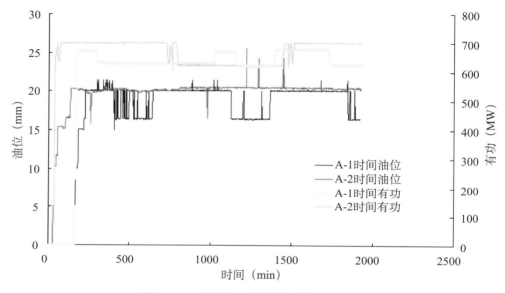

图 7－11　开机时 A 机型机组油位变化曲线

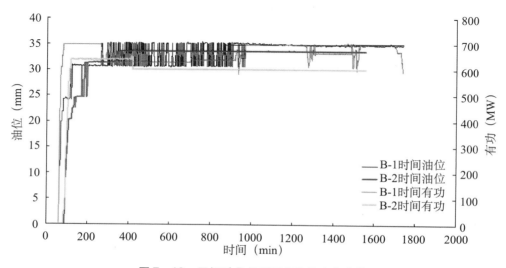

图 7－12　开机时 B 机型机组油位变化曲线

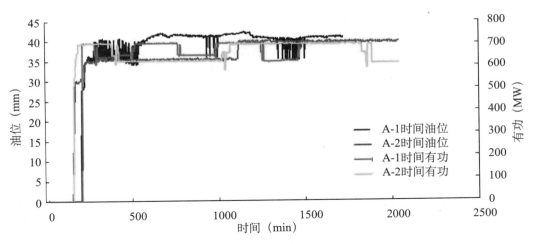

图 7 - 13　开机时 C 机型机组油位变化曲线

3）推导油槽油位与温度关系

根据历史数据分别做出机组稳定运行时油槽油位与油温变化曲线，并对曲线进行线性拟合。同时对油槽油位随温度变化进行了理论计算，力图利用现有理论公式计算推导油槽油位的变化。

（1）数据分析

利用现有历史数据，分别作出了机型 A - 1/2，机型 B - 1/2 及机型 C - 1/2 油位油温变化特性曲线。从特性图上可以看出来，所有机组油位油温变化特性均近似成线性，用线性曲线对其进行拟合，线性曲线基本上可以反映出推导油槽油位随油温的变化规律。曲线的斜率值可以反映出随油温变化的油位变化率，下面图 7 - 14 为某机组油位油温变化特性曲线，从特性方程可以看出，某机组推导油槽油位油温变化特性与某机组具有很大的相似性。这主要是因为机组与物理模型大致相同。机组推导油槽油位油温变化特性曲线，从线性方程可以看出，机组的油位变化率较小，机型 A - 1 油位变化率为 0.8356，机型 B 油位变化率为 0.5254，造成这种明显差异主要是由于机组推导油槽在物理结构上有明显区别。利用分析得出的特性曲线，可以很直观地反映推导油槽油位与油温的关系。

（2）理论计算油槽透平油由于温度变化带来的体积变化

当物体的温度发生变化时，其体积也会发生改变。物体温度改变 1℃ 时，其体积的变化和它在 0℃ 时体积之比，叫做"体积膨胀系数"。符号用 α_ν 表示。设在 0℃ 时物质的体积为 ν_0，在 t℃ 时的体积为 ν_t，则有式 1

$$\alpha_\nu = \frac{\nu_t - \nu_0}{\nu_0 t} \tag{1}$$

根据式 1 可以得出温度升高时的体积变化量，如式 2

$$\Delta\nu = \alpha_\nu \nu_0 t \tag{2}$$

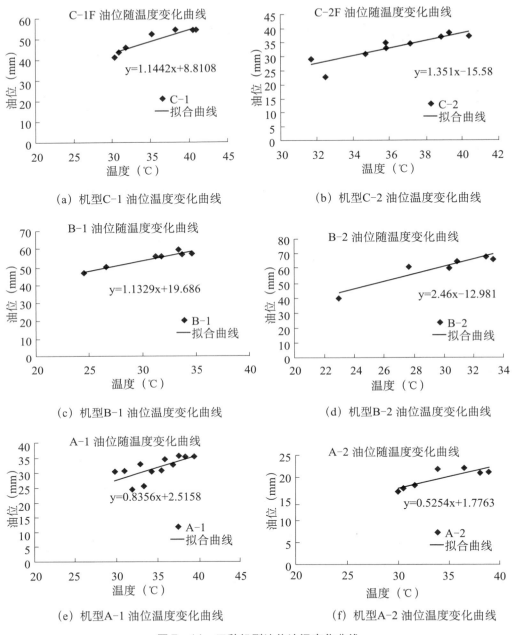

图 7 - 14 三种机型油位油温变化曲线

由于固体或液体的膨胀系数很小，为计算方便起见，在温度不是很高时，可直接用式 3 计算，无需再求 0℃时的体积 ν_0。即

$$\nu_2 = \nu_1[1 + \alpha_\nu(t_2 - t_1)] \tag{3}$$

式中 ν_1 是在 t_1 ℃时的体积，ν_2 是在 t_2 ℃时的体积。

根据公式 3 可以理论计算不同机型油槽油位随油温变化的变化值。

A 机组可以利用式 4 对其进行油体积变化计算

$$\Delta \nu = \alpha_\nu \nu_1 \Delta t \tag{4}$$

在本计算中，ν_1 为油槽注油的体积，t_1 为注油时的油温。一般工业石油取 $\alpha_\nu = (8.5 \sim 9.0) \times 10^{-4}$，我们取中间值 $\alpha_\nu = 8.7 \times 10^{-4}$ 计算。计算得出温度变化 1℃ 时 $\Delta \nu = 8.7 \times 10^{-4} \times 33 = 0.02871$ m³。

根据油体积的变化，可以近似得出油槽油位的变化。可以近似求得正常油位以上的油体截面 $s = \frac{1}{4} \pi (7^2 - 5.2^2) = 17.25$ m²，由此可以得出正常油位以上温度变化 1℃ 会引起正常油位以上油位变化量 $\Delta h = 8.7 \times 10^{-4} \times 33/17.25 = 0.00166$m $= 1.66$mm。

对于 B 机组同理可以计算得出正常油位以上，温度变化 1℃ 引起油位的变化量约为 $s = \frac{1}{4} \pi (7.036^2 - 5.595^2) = 14.3$ m²，$\nu_1 = 14$ m³，当温度变化 1℃ 时，油位变化值可以算出：$\Delta h = 8.7 \times 10^{-4} \times 14/14.3 = 0.00085$m $= 0.85$mm

从以上计算可以看出机组间油温变化引起的油位变化规律不尽相同，相同的温度变化，机型 A 的油位变化值较机型 B 大。

（3）分析结果对比

从历史数据分析得出的结果直观反映出推导油槽油位随油温变化规律，同时还能反映出即使是相同机型，温度变化时油位的变化规律不尽相同。但利用历史数据分析对测量数据的准确性提出很高的要求，测量数据不准确，会影响数据拟合结果。理论计算简单，不依赖现场数据，但理论计算本身的局限性，无法进行精准的计算，且 α_ν 的取值为经验值，s 底面积也是近似计算，故造成理论计算结果与实际油槽油温、油位的变化规律会存在一定的误差，其数据只能作为一种参考依据。但从以上两种分析结果看来，两者得出的结论是一致的，即，当外部环境温度变化相同时，能够明显影响机组油槽液位的上涨，其中最大温差在冬季及夏季可达到 18℃。

3. 研究结论：结合上面的分析计算可以得出机组运行期间，各机型最大运行油位，即开机过程引起的油位上涨值，加上外界环境温度上升引起的油位上涨值。实际运行中，油温最低的时间段在 3 月份，油温最高的时间段在 9 月份，油温差值在 16℃ 左右，则我们可以得出各机型运行最大油位值，如表 7-7 所示：

表 7-7　汇总机组油槽油位变化最大值（按油温温差 10℃ 计算）

	机型 A	机型 B	机型 C
开机引起的油位上升值（mm）	30	40	50
环境温度变化引起的油位上升值（mm）	0.85 × 10	1.66 × 10	1.66 × 10
最大运行油位上升值（mm）	38.5	56.6	66.6

通过分析计算大型机组推导油槽油温与液位的相关关系，并结合维护过程中机

组实际液位的变化记录,可知,在一年夏季与冬季温差较大的情况下,油槽液位会有较明显的差值。

通过分析结论,我们应结合机组实际运行期间液位的最大变化范围,适当设定机组正常运行的液位范围,使其满足正常液位升高值,以适应机组的运行状况,避免出现机组多批次的液位高报警情况。

7.4 某型号机组特殊振动归纳分析

1. 现象描述:电站某型机组在部分水头段部分负荷区出现了特殊振动,表现为1Hz特殊振动区和5~6Hz特殊振动区,机组上机架、下机架、顶盖垂直振动,无叶区、尾水上下游锥管门压力脉动会出现一级、二级报警。根据机组升水位试验结果和在线监测结果表明:上述特殊振动区是电站同型号机组的共性。其中5~6Hz特殊振动区分布规律所有机组表现一致,而1Hz特殊振动区不同机组分布规律相差较大。机组在该特殊振动区域长期运行,对机组安全、稳定性产生严重影响。但由于机组的个性,每台机组具体表现可能稍有差别。有必要对该现象进一步研究,以形成更为详细、更有指导意义的意见。

2. 分析研究:为了全面了解此机型机组的特殊振动情况,对某机型4台机组在部分水位下表现出来的振动大的现象进行汇总分析,见表7-8至7-11,我们可以发现:

1)特殊振动区为某机组共性,该区域存在于上游水位155m、水头88m以下。

2)特殊振动区表现为:上机架、下机架、顶盖垂直振动、蜗壳、顶盖、无叶区、尾水上、下游压力脉动有不同幅度的增加,随着机组个性的不同,各部位敏感程度不一样。三部轴承摆度、各部位水平振动表现不太敏感。

3)特殊振动区表现为两个频率段:【0.75~0.88X】约1Hz,该频段出现在81m水头以下,无明显规律性。【3.88~4.88X】约5~6Hz,该频段出现在各水头中,且随水头增加有向大负荷区移动趋势。在特殊振动区,机架垂直振动与蜗壳、尾水压力脉动主频一致,可以判断,是由于水力因素导致了该现象。判断是机组涡带工况不同的表现形式。

4)通过对表7-8至表7-12分析可看出,【0.75~0.88X】对水头、负荷均非常敏感,但未表现很明显的规律性。【3.88~4.88X】对水头更为敏感。

表7-8 机组一汛期报警数据表

机组一				
时间	2013/7/9	2013/7/24	2013/8/4	2013/8/10
上游水位(m)	148.4	153.5	153.3	147.5
下游水位(m)	68.4	69.2	68.8	67.7

续表

机组一								
时间	2013/7/9		2013/7/24		2013/8/4		2013/8/10	
水头（m）	80		84.3		84.5		79.8	
	通频	主频	通频	主频	通频	主频	通频	主频
有功（MW）	654		702		700		650	
上导摆度（μm）	70	1	99	1	82	1	70	1
下导摆度（μm）	159	1	170	1	158	1	161	1
水导摆度（μm）	175	1	182	1	182	1	178	1
上机架水平振动（μm）	11	1	13	1	14	4.88	13	1
上机架垂直振动（μm）	23	4.5	40	4.88	41	4.88	32	4.63
下机架水平振动（μm）	16	4.5	18	4.88	17	4.88	18	4.63
下机架垂直振动（μm）	99	4.5	112	4.88	105	4.88	117	4.63
定子机座垂直（μm）	45	4.5	77	4.88	72	4.88	56	4.63
顶盖水平振动（μm）	48	4	51	4	46	4	48	4
顶盖垂直振动（μm）	22	4.5	38	4.88	40	4.88	30	4.63
蜗壳进口压力脉动（%）	4.5	4.5	5.6	4.88	5.5	4.88	5.5	4.63
尾水上游侧压力脉动（%）	3.4	4.5	3.5	4.88	3.6	4.88	3.7	4.63
尾水下游侧压力脉动（%）	3.4	4.5	3.5	4.88	3.3	4.88	3.3	4.63

表 7-9　机组二汛期报警数据表

机组二								
	2013/5/27		2013/7/11		2013/7/17		2013/7/25	
上游水位（m）	153.4		146		149.9		153.8	
下游水位（m）	65.4		68.4		68.5		69.3	
水头（m）	88		77.6		81.4		84.5	
	通频	主频	通频	主频	通频	主频	通频	主频
有功（MW）	700		700		695		700	
上导摆度（μm）	93	1	107	1	113	1	115	1
下导摆度（μm）	153	2	156	2	158	2	154	2
水导摆度（μm）	71	1	86	1	86	1	88	1
上机架水平振动（μm）	31	1	26	1	29	1	32	1
上机架垂直振动（μm）	101	7.63	56	0.88	56	0.88	104	7.88
下机架水平振动（μm）	15	3.88	12	0.88	17	0.88	15	4.5
下机架垂直振动（μm）	115	3.88	99	0.88	117	0.88	98	4.5
顶盖水平振动（μm）	24	1	19	1	25	1	22	1
顶盖垂直振动（μm）	83	3.88	110	0.88	114	0.88	125	4.5
蜗壳进口压力脉动（%）	2.1	0.88	3.3	0.88	3.6	0.88	2.2	0.75
顶盖下压力脉动（%）	3.1	3.88	2.3	0.88	2.5	0.88	3.8	4.5
无叶区压力脉动（%）	3.4	3.88	6.7	0.88	7.3	0.88	3.3	4.5
尾水上游侧压力脉动（%）	1.2	3.88	1.6	0.88	1.5	40	1.4	40
尾水下游侧压力脉动（%）	3.1	3.88	6.7	7.38	7.7	0.88	3.3	4.5

表7-10 机组三汛期报警数据表

机组三										
	2013/7/5		2013/7/8		2013/7/23		2013/8/4		2013/8/11	
上游水位（m）	148.3		148.6		152.9		153		148.4	
下游水位（m）	68.4		68.7		69.1		68.8		67.8	
水头（m）	79.9		79.9		83.8		84.2		80.6	
	通频	主频	通频	主频	通频	主频	通频	主频	通频	主频
有功（MW）	702		698		705		701		663	
上导摆度（μm）	108	1	114	1	114	1	113	1	104	1
下导摆度（μm）	111	1	112	1	117	1	118	1	123	1
水导摆度（μm）	234	1	217	1	207	1	200	1	198	1
上机架水平振动（μm）	44	4	48	4	49	5	43	4	47	4
上机架垂直振动（μm）	78	0.75	65	0.75	124	7.63	68	7.75	91	7.5
下机架水平振动（μm）	28	0.75	26	0.75	26	1	26	1	24	1
下机架垂直振动（μm）	153	0.75	168	0.75	103	4.63	85	4.63	102	4.5
定子机座水平（μm）	22	1	48	1	42	1	44	1	45	1
顶盖水平振动（μm）	68	1	65	0.75	50	1	44	1	46	1
顶盖垂直振动（μm）	92	0.75	107	0.75	50	4.63	40	4.63	46	4.5
蜗壳进口压力脉动（%）	6.5	0.75	7.4	0.75	3.6	4.63	3.3	4.63	3.5	4.5
顶盖下压力脉动（%）	0.6	0.75	0.5	0.75	0.4	0.13	0.4	0.13	0.4	0.13
无叶区压力脉动（%）	6.4	0.75	7.2	0.75	3.7	4.63	3.2	4.63	3.8	4.5
尾水上游侧压力脉动（%）	7.1	0.75	7.3	0.75	2.8	4.63	2.9	4.63	3.2	4.5
尾水下游侧压力脉动（%）	1.1	40	1.3	40	1.1	40	1.3	40	1.1	40

表7-11 机组四汛期报警数据表

机组四					
	2013/7/7		2013/7/9		2013/7/24	
上游水位（m）	148.1		147.8		153.4	
下游水位（m）	68.6		68.4		69.4	
水头（m）	79.5		79.4		84	
	通频	主频	通频	主频	通频	主频
有功（MW）	687		661		705	
上导摆度（μm）	182	1	145	1	169	1
下导摆度（μm）	267	1	237	1	257	1
水导摆度（μm）	141	1	132	1	135	1
上机架水平振动（μm）	20	1	23	1	26	4.88
上机架垂直振动（μm）	77	7.75	86	4.63	109	4.88
下机架水平振动（μm）	37	1	22	1	17	1
顶盖水平振动（μm）	54	1	35	4.63	34	4.88
顶盖垂直振动（μm）	142	0.88	120	4.63	119	4.88
蜗壳进口压力脉动（%）	8.7	0.88	4.5	4.63	4.6	4.88
顶盖下压力脉动（%）	2.7	0.88	0.9	4.63	1.0	4.88
无叶区压力脉动（%）	4.8	0.88	2.2	4.63	2.3	4.88
尾水下游侧压力脉动（%）	8.0	0.88	3.3	4.63	3.2	4.88

对此类型机组前期所实施的升水位实验数据进行分析，如表 7 - 12。

表 7 - 12　机组在升水位试验中的数据

上游水位 （m）	下游水位 （m）	毛水头 （m）	稳定运行区 （MW）	5Hz 压力脉动区 （MW）	0.7 ~ 1Hz 压力 脉动区（MW）
135.3			400 ~ 590	550 ~ 560	—
136.3			400 ~ 590	560 ~ 570	—
137.3			400 ~ 590	560 ~ 570	—
138.3			400 ~ 590	580	—
139.22			450 ~ 635	585	
140			450 ~ 630	590 ~ 600	
141.04			450 ~ 630	600	
141.99			450 ~ 630	610	
143.04			450 ~ 675	620	
144.02			470 ~ 700	630	
144.55	65.12	79.43	470 ~ 707	640	
145.03	65.35	79.68	480 ~ 712	640	
145.52			490 ~ 718	640 ~ 650	
146.05	65.02	81.03	500 ~ 727	650	
147.13	65.17	81.69	500 ~ 737	660	
148.18	65.05	83.13	520 ~ 750	670	
149.09	64.94	84.15	540 ~ 760	680	
150.11	64.8	85.31	550 ~ 780	690	
151.04	64.87	86.17	550 ~ 788	700	
152.02	65.07	86.95	550 ~ 700	710	750 ~ 800
153.05	66.47	88.58	550 ~ 710，740 ~ 760	720 ~ 730	750 ~ 800
154.02	65.37	88.65	550 ~ 720	730 ~ 750	780 ~ 800
154.89	65.83	89.06	560 ~ 730，760 ~ 780	750	790 ~ 820

通过机组升水位试验结果，看出：

1）【0.75 ~ 0.88X】出现在 152m 水位以上，750 ~ 800MW，与现阶段某机型机组表现出的现象不太一致。

2）【3.88 ~ 4.88X】存在于各个水头中，且随着水头上升有向大负荷区移动的趋势。但升水位试验时，下游水位稳定在 64 ~ 66m，而现阶段汛期，下游水位稳定在 67 ~ 69m，即使在相同水头下，【3.88 ~ 4.88X】表现的负荷区间也不同。例如，升水位试验 84m 水头，【3.88 ~ 4.88X】出现在 680MW，而现阶段，84m 水头【3.88 ~ 4.88X】出现在 700MW。

3. 分析总结：通过分析知道，机组特殊振动区存在于整个流道，并导致机组各部位较大的垂直振动及压力脉动。在特殊振动区长期运行将会对机组安全和寿命构成严重威胁。目前，通过长期的数据积累和试验，已经初步掌握了机组的特殊振动区【3.88 ~ 4.88X】出现的规律，但还需结合当前实际情况对升水位试验结果进行修正。

通过分析研究此机型在不同水头下的特殊压力脉动现象，要求我们在实际运行过程中，需要时刻关注机组运行时的振动和脉动情况，一旦机组出现特殊振动，要求运行人员及时调节导叶开度，避开脉动负荷区，保证机组运行稳定和安全。

7.5 机组推力瓦温随水头变化规律分析

1. 现象描述：当前部分电站上游水位变幅较大，往往在夏季进行降水位运行，冬季处高水位运行。不同机型机组推力瓦温数据在降水位过程出现了相对规律的变化，推力瓦瓦温，由于受水头变化带来的水压力变化，使得推力瓦温有升有降，通过对实际数据进行统计发现，其中第四象限位置瓦温逐渐下降，第二象限推力瓦温度逐渐升高。形状呈∧样式。同时跟踪长时间瓦温变化情况，还发现瓦温变化与机组运行时间有关联，其变化规律存在磨合期现象。

2. 分析过程：

1）不同位置瓦温随水头变化趋势分析

从推力瓦与蜗壳布置位置可看在水头逐渐降低的过程中图 7 – 15 中的第四象限抬起量相对于第二象限抬起量逐渐减小，使得此位置所对应的推力瓦 8 号 ~ 15 号受力相对减小从而出现图 7 – 15 推力瓦温的变化情况。而第二象限的瓦 22 号 ~ 28 号受力相对增加，瓦温升高。

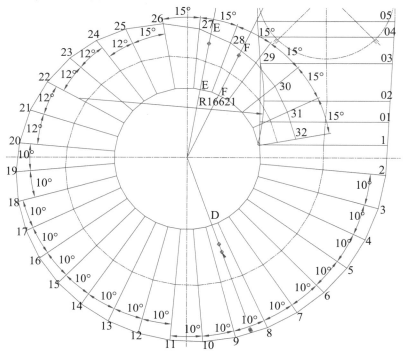

图 7 – 15　机组蜗壳象限示意图

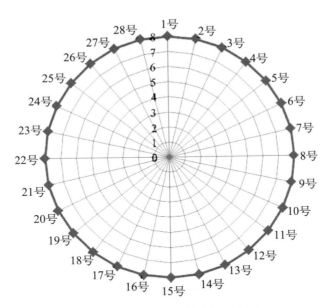

图 7 - 16　对应象限推力瓦分布图

分析方法简析：

（1）用 10 号瓦与 28 号瓦温差比较进行分析。

表 7 - 13　推力瓦对应不同水头下温度值

时间	2013 - 3 - 5	2013 - 4 - 5	2013 - 5 - 28	2013 - 6 - 2	2013 - 6 - 11
有功（MW）	665.318	617	676	706	656.656
上游水位（m）	165.179	161.7	152.6	150	146.604
下游水位（m）	65.329	64.6	64.8	66	68.48
水头（m）	99.85	96.1	87.8	84	78.124
1 号（℃）	68.8	70.1	74.6	74.2	74.7
2 号（℃）	69.8	70.5	73.9	73.5	73.8
3 号（℃）	70	71.2	75.4	75.1	75.7
5 号（℃）	70.2	71.1	75.3	74.6	75.1
6 号（℃）	71.2	72	76.1	75.6	75.9
7 号（℃）	71.5	72.2	76.5	75.9	76.3
8 号（℃）	71	71.5	76	75.5	75.8
9 号（℃）	71.9	72.4	75.7	75.3	75.7
10 号（℃）	73.3	73.6	77.5	77	77.1
12 号（℃）	72	72.7	76.2	75.8	76.3
13 号（℃）	69.9	70.6	74.3	74.1	74.5
14 号（℃）	70	69.8	74.9	74.5	74.2
15 号（℃）	71.5	72.6	76.1	75.7	76.3
16 号（℃）	69.2	69.7	73.7	73.4	74.3
17 号（℃）	71.3	72.3	76	75.8	76.4

时间	2013-3-5	2013-4-5	2013-5-28	2013-6-2	2013-6-11
有功（MW）	665.318	617	676	706	656.656
19号（℃）	70.5	70.4	75.4	75.1	75.3
20号（℃）	72	72.7	76.5	76.2	76.6
21号（℃）	69.1	69.9	73.7	73.4	74.1
22号（℃）	69.2	69.8	74.2	73.8	74.3
23号（℃）	69.6	70.5	74	73.7	74.1
24号（℃）	70.1	71.3	75.1	74.7	75.3
26号（℃）	70.8	71.5	75.6	75.3	75.4
27号（℃）	69.6	70.3	74.3	73.9	74.4
28号（℃）	67.7	68.6	73	72.7	73.6
瓦温温差（℃）	5.7	5	4.5	4.3	3.5

可见，从3月5日到6月11日，推力瓦温最高一直是10号瓦，最低一直为28号瓦，恰好最高瓦处于水压面积最大的方位，最低瓦处于水压面积最小的方位，随着水位的降低，推力瓦温温差一直从5.7℃降低到了3.5℃。

（2）分析各块瓦温在不同水头下差值变化

由于推力瓦温一方面受其水压力大小影响，另一方面受环境温度影响，除上述因素外推力瓦本身个体差异也有影响；因此在分析瓦温随水头变化时需将环境温度影响通过计算方法消除，个体差异只能通过统计方法进行粗略消除，因此统计数据越多结论就越准确。

计算方法为：首先计算出同一时刻各瓦温平均值，然后用各瓦温实际值减去平均值得到各瓦温相对值。此相对值基本为由于受力不同而产生的温差。（由于4号、11号、18号、25号瓦温值测量的是推力瓦进出瓦边位置，故将其删除）。

表7-14 机组一瓦温分析

时间	T		T'		ΔT'
	2013-1-28	2013-6-3	2013-1-28	2013-6-3	
有功（MW）	705.481	709.746			
水位上（m）	171.545	150.095			
水位下（m）	65.308	66.196			
水头（m）	106.237	83.899			
1号（℃）	71	73.6	-0.0041667	0.204167	-0.20833
2号（℃）	70.1	72.7	-0.9041667	-0.69583	-0.20833
3号（℃）	70.1	72.5	-0.9041667	-0.89583	-0.00833
5号（℃）	70.1	72.6	-0.9041667	-0.79583	-0.10833
6号（℃）	71.7	73.7	0.69583333	0.304167	0.391667
7号（℃）	72	74.3	0.99583333	0.904167	0.091667
8号（℃）	70.7	72.9	-0.3041667	-0.49583	0.191667
9号（℃）	71.1	73.5	0.09583333	0.104167	-0.00833

续表

时间	T 2013-1-28	T 2013-6-3	T' 2013-1-28	T' 2013-6-3	ΔT'
10 号 （℃）	72.1	74.1	1.09583333	0.704167	0.391667
12 号 （℃）	71.5	74	0.49583333	0.604167	-0.10833
13 号 （℃）	71.5	73.9	0.49583333	0.504167	-0.00833
14 号 （℃）	71.1	73.6	0.09583333	0.204167	-0.10833
15 号 （℃）	71.6	73.7	0.59583333	0.304167	0.291667
16 号 （℃）	72	74.2	0.99583333	0.804167	0.191667
17 号 （℃）	70.3	73.1	-0.7041667	-0.29583	-0.40833
19 号 （℃）	71.8	74.1	0.79583333	0.704167	0.091667
20 号 （℃）	71.7	74.2	0.69583333	0.804167	-0.10833
21 号 （℃）	70.8	73.4	-0.2041667	0.004167	-0.20833
22 号 （℃）	71	73.3	-0.0041667	-0.09583	0.091667
23 号 （℃）	71.2	73.6	0.19583333	0.204167	-0.00833
24 号 （℃）	69	71.6	-2.0041667	-1.79583	-0.20833
26 号 （℃）	69.6	72.2	-1.4041667	-1.19583	-0.20833
27 号 （℃）	70.2	72.6	-0.8041667	-0.79583	-0.00833
28 号 （℃）	71.9	74.1	0.89583333	0.704167	0.191667
平均瓦温 （℃）	71.004167	73.39583			

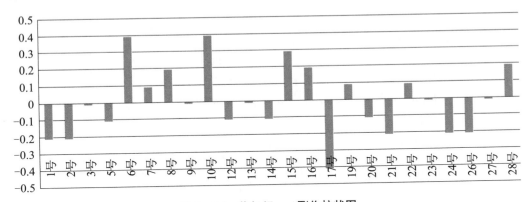

图 7-17 将机组一 ΔT' 作柱状图

从机组二瓦温变化趋势图可看出随着水头下降，6 号～16 号位置瓦温降低，17 号～28 号以及 1 号～4 号瓦温升高。

表 7-15 机组二瓦温分析

时间	T 2013-02-23	T 2013-05-11	T'	ΔT'
有功 （MW）	702.003	697.475		
水位上 （m）	166.548	160.445		
水位下 （m）	65.027	65.108		

	T		T′		ΔT′
水头（m）	101.521	95.337			
1 号（℃）	72	74.2	0.845833	1.116667	− 0.27083
2 号（℃）	70.4	72.3	− 0.75417	− 0.78333	0.029167
3 号（℃）	69	71	− 2.15417	− 2.08333	− 0.07083
5 号（℃）	71.6	73.5	0.445833	0.416667	0.029167
6 号（℃）	71.1	72.8	− 0.05417	− 0.28333	0.229167
7 号（℃）	70	72.4	− 1.15417	− 0.68333	− 0.47083
8 号（℃）	70.6	72.7	− 0.55417	− 0.38333	− 0.17083
9 号（℃）	71.6	73.3	0.445833	0.216667	0.229167
10 号（℃）	72.2	74.2	1.045833	1.116667	− 0.07083
12 号（℃）	73.5	75.3	2.345833	2.216667	0.129167
13 号（℃）	70.8	72.9	− 0.35417	− 0.18333	− 0.17083
14 号（℃）	72.5	74.1	1.345833	1.016667	0.329167
15 号（℃）	71.6	73.2	0.445833	0.116667	0.329167
16 号（℃）	71	72.7	− 0.15417	− 0.38333	0.229167
17 号（℃）	68.8	70.6	− 2.35417	− 2.48333	0.129167
19 号（℃）	72.4	73.9	1.245833	0.816667	0.429167
20 号（℃）	70.9	72.7	− 0.25417	− 0.38333	0.129167
21 号（℃）	71.5	73.4	0.345833	0.316667	0.029167
22 号（℃）	71.2	72.9	0.045833	− 0.18333	0.229167
23 号（℃）	70.5	72.5	− 0.65417	− 0.58333	− 0.07083
24 号（℃）	72.2	74.2	1.045833	1.116667	− 0.07083
26 号（℃）	70.1	72.9	− 1.05417	− 0.18333	− 0.87083
27 号（℃）	71.3	73.6	0.145833	0.516667	− 0.37083
28 号（℃）	70.9	72.7	− 0.25417	− 0.38333	0.129167
平均瓦温（℃）	71.15417	73.08333			

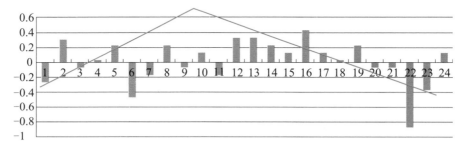

图 7 − 18　将机组二 ΔT′作柱状图

表 7 − 16　机组三瓦温分析

	T		T′		ΔT′
时间	2013 − 01 − 08	2013 − 04 − 23	2013 − 01 − 08	2013 − 04 − 23	
有功（MW）	703.315	655.475			
上游水位（m）	173.326	162.467			

续表

	T		T′		ΔT′
下游水位（m）	63.985	65.066			
水头（m）	109.341	97.401			
1 号（℃）	71	71.3	− 0.10417	− 0.20417	0.10
2 号（℃）	68.8	69.3	− 2.30417	− 2.20417	− 0.10
3 号（℃）	69.5	69.8	− 1.60417	− 1.70417	0.10
5 号（℃）	70.9	71.3	− 0.20417	− 0.20417	0.00
6 号（℃）	72	72	0.895833	0.495833	0.40
7 号（℃）	70.7	71	− 0.40417	− 0.50417	0.10
8 号（℃）	71.8	72.3	0.695833	0.795833	− 0.10
9 号（℃）	72	72.2	0.895833	0.695833	0.20
10 号（℃）	71	71.4	− 0.10417	− 0.10417	0.00
12 号（℃）	69.3	69.4	− 1.80417	− 2.10417	0.30
13 号（℃）	72.4	72.8	1.295833	1.295833	0.00
14 号（℃）	72.8	73.1	1.695833	1.595833	0.10
15 号（℃）	72	72.3	0.895833	0.795833	0.10
16 号（℃）	72	72.5	0.895833	0.995833	− 0.10
17 号（℃）	71.6	71.7	0.495833	0.195833	0.30
19 号（℃）	71.5	72	0.395833	0.495833	− 0.10
20 号（℃）	69.8	70.3	− 1.30417	− 1.20417	− 0.10
21 号（℃）	70.4	70.9	− 0.70417	− 0.60417	− 0.10
22 号（℃）	70.5	71.1	− 0.60417	− 0.40417	− 0.20
23 号（℃）	70.3	70.9	− 0.80417	− 0.60417	− 0.20
24 号（℃）	70.8	71.3	− 0.30417	− 0.20417	− 0.10
26 号（℃）	70.9	71.5	− 0.20417	− 0.00417	− 0.20
27 号（℃）	70.5	71.2	− 0.60417	− 0.30417	− 0.30
28 号（℃）	74	74.5	2.895833	2.995833	− 0.10
平均瓦温（℃）	71.10417	71.50417			

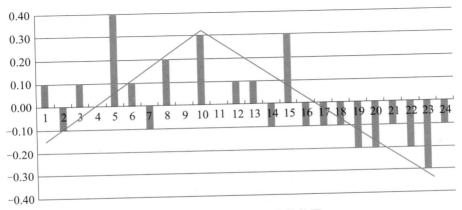

图 7 - 19　将机组三 ΔT′作柱状图

表 7 - 17　机组四瓦温分析

时间	T		T'		ΔT'
	2013 - 3 - 5	2013 - 6 - 11	2013 - 3 - 5	2013 - 6 - 11	
有功（MW）	665.318	656.656			
上游水位（m）	165.179	146.604			
下游水位（m）	65.329	68.48			
水头（m）	99.85	78.124			
1 号（℃）	69.5	74.7	- 1.075	- 0.516667	- 0.55833
2 号（℃）	69.8	73.8	- 0.775	- 1.416667	0.641667
3 号（℃）	70.2	75.7	- 0.375	0.483333	- 0.85833
5 号（℃）	70.2	75.1	- 0.375	- 0.116667	- 0.25833
6 号（℃）	71	75.9	0.425	0.683333	- 0.25833
7 号（℃）	71.4	76.3	0.825	1.083333	- 0.25833
8 号（℃）	71	75.8	0.425	0.583333	- 0.15833
9 号（℃）	71.8	75.7	1.225	0.483333	0.741667
10 号（℃）	73.4	77.1	2.825	1.883333	0.941667
12 号（℃）	72.1	76.3	1.525	1.083333	0.441667
13 号（℃）	69.8	74.5	- 0.775	- 0.716667	- 0.05833
14 号（℃）	69.8	74.2	- 0.775	- 1.016667	0.241667
15 号（℃）	71.8	76.3	1.225	1.083333	0.141667
16 号（℃）	68.9	74.3	- 1.675	- 0.916667	- 0.75833
17 号（℃）	71.1	76.4	0.525	1.183333	- 0.65833
19 号（℃）	71	75.3	0.425	0.083333	0.341667
20 号（℃）	72.3	76.6	1.725	1.383333	0.341667
21 号（℃）	69.5	74.1	- 1.075	- 1.116667	0.041667
22 号（℃）	69.4	74.3	- 1.175	- 0.916667	- 0.25833
23 号（℃）	69.6	74.1	- 0.975	- 1.116667	0.141667
24 号（℃）	70.3	75.3	- 0.275	0.083333	- 0.35833
26 号（℃）	71.6	75.4	1.025	0.183333	0.841667
27 号（℃）	69.8	74.4	- 0.775	- 0.816667	0.041667
28 号（℃）	68.5	73.6	- 2.075	- 1.616667	- 0.45833
平均瓦温（℃）	70.575	75.216667			

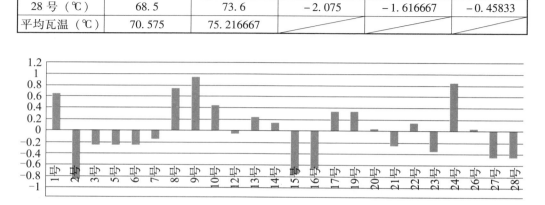

图 7 - 20　将机组四 ΔT' 作柱状图

从机组二、三、四及机组一推力瓦温随着水头变化趋势分析可看出受水压力变化影响第四象限位置瓦温逐渐下降，从第二象限温度逐渐升高。形状呈∧样式。

电站机组一、机组四蜗壳采用直埋式，而机组二采用保压式，机组三采用垫层式。从 $\Delta T'$ 的变化幅值可看出直埋式蜗壳变化值较大达到 $0.8℃ \sim 1.8℃$；而非直埋式的蜗壳变化幅值仅为 $0.6℃ \sim 0.87℃$。因此从另一方面说明水压力变化影响推力瓦温度。

2）推力瓦温磨合期分析

（1）将机组一推力瓦温从 2009—2013 年选择相近水头、有功时段瓦温作雷达图 7 – 21，从图中可看出系列 1（2009 年）系列 2（2010 年）与系列 3、4、5（2011—2013 年）有较明显差异，而从 2011 年开始推力瓦温一致性较好。

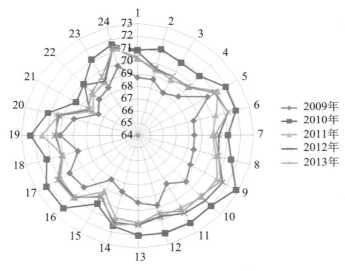

图 7 –21　机组一推力瓦温雷达图

（2）于是将所收集的机组一推力瓦温数据分成 2009—2010 年，2011—2013 年两个阶段分别作雷达图 7 – 22：

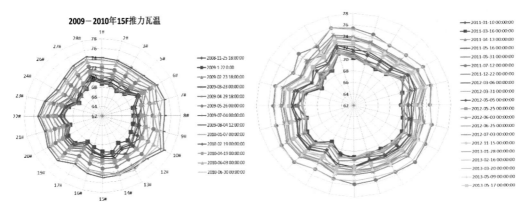

图 7 –22　机组一推力瓦温雷达图

从 2009—2010 年图中可看出机组二投产后的两年内瓦温组成的雷达图形状逐渐变化各时段并不相似，部分瓦温变化明显；

从 2011—2013 年机组二推力瓦温度图中可看出推力瓦温所组成的线形状相似程度很大，故分析推断推力瓦温度变化存在磨合期的现象。

（3）将其他机型机组推力瓦温进行类似分析，如下。

机组 A：

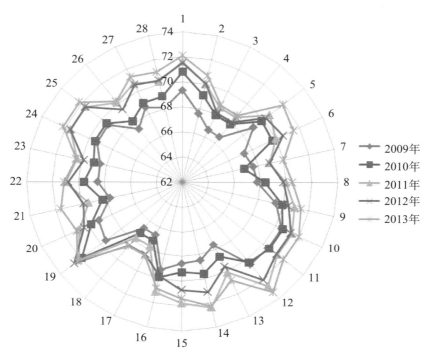

图 7－23　机组 A 推力瓦温雷达图 1

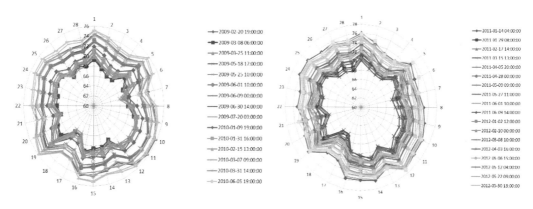

图 7－24　机组 A 推力瓦温雷达图 2

机组 B：

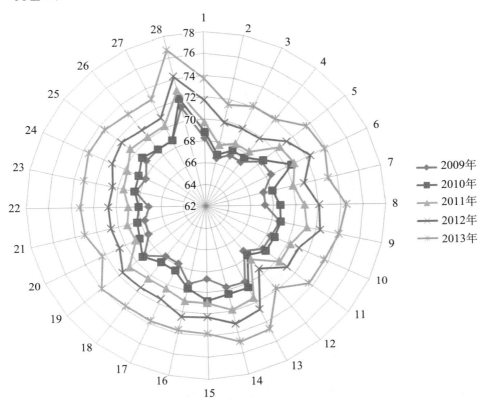

图 7-25 机组 B 推力瓦温雷达图 1

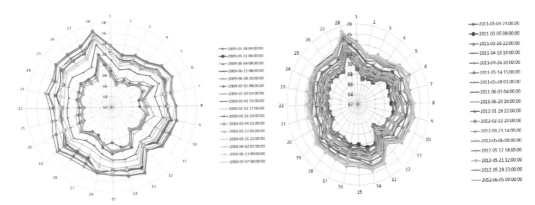

图 7-26 机组 B 推力瓦温雷达图 2

机组 C：

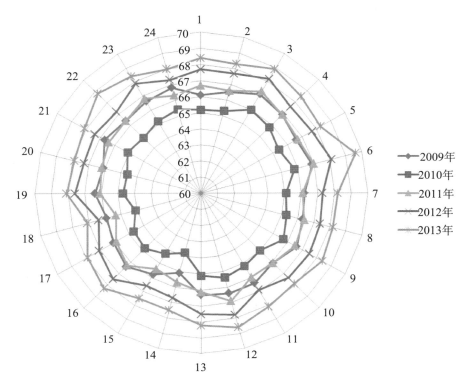

图 7 - 27　机组 C 推力瓦温雷达图 1

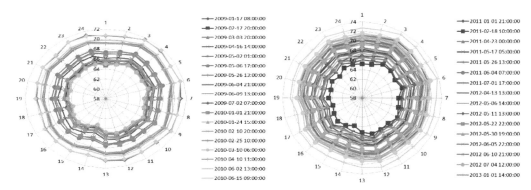

图 7 - 28　机组 C 推力瓦温雷达图 2

机组 D：

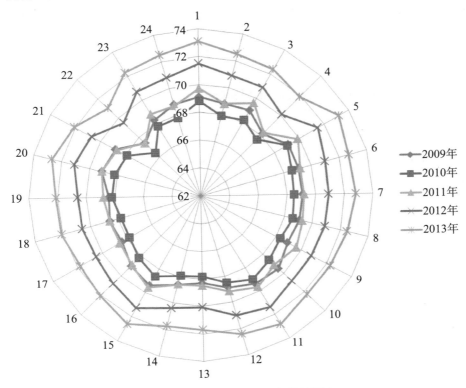

图 7-29　机组 D 推力瓦温雷达图 1

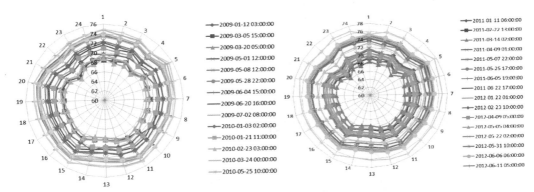

图 7-30　机组 D 推力瓦温雷达图 2

3. 研究结论：

通过分析统计不同组的推力瓦温在水头变化过程中所体现出来的升降关系，我们知道机组不同象限位置推力瓦温随水头的变化会出现有升有降的规律，在靠近压力钢管进水口的第一、第四象限位置推力瓦温随水头下降而下降，而第二、三象限的推力瓦温随水头降低而上升，形状呈 ∧ 样式。

通过新投产机组多年连续跟踪不同机型推力瓦温的变化情况，从数据及雷达图上我们可发现其随着运行时间的延长，瓦温逐渐趋于稳定，主要是由于机组机械设备随着运行时间延长，机械结构在运行磨合期完成后达到稳定状态，而瓦温亦随着磨合期处于稳定运行，此磨合期一般为 2~3 年。

7.6　电站机械设备国产化研究

1. 现象描述：目前巨型电站很多机组备品备件均为进口设备，由于进口设备在日常维护过程中存在采购周期长，价格高且后期服务不足等问题，对相关的进口设备国产化进行研究，也符合我们推进水电站设备制造技术的国产化工作。

2. 分析研究：进口机械设备国产化研究主要从以下几个方面开展，包括了汇总分析、研制试用、国产替代等几个阶段。

进口设备国产化研究过程如下：

1）项目实施对象

此次电站机械设备国产化项目实施的主要对象，包括机组的进口机械设备、相关的辅助设备、进口密封件及管路阀门等。

2）项目实施

根据对进口备件国产化的项目要求，按照工作计划主要以 4 个步骤进行此项目实施：

- 完成对主机设备进口备件的统计工作；
- 完成对统计完成的进口备件进行筛选，初步定出可进行国产化的备件目录；
- 统计出已完成国产化备件替换或实验的设备备件；
- 完成进口件国产化研究报告初稿。

3）进口机械设备的统计

为了开展电站机组设备进口备件国产化研究，对机组的进口备件进行统计和归纳，总共统计了机械设备共 387 项进口设备备件清单，如图 7-31 所示。

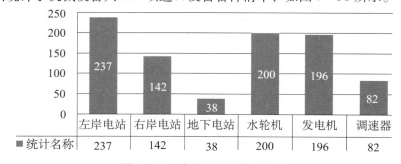

图 7-31　主机进口备件统计图

从以上统计表格可知，随着电站的国产化进程推进，其进口备件数目也在不断下降。结合电站目前设备运行状况，机组总体运行平稳，未发现重大设备事故隐患，这也表明我们推进设备国产化是可行的，其成功的经验可以在其他未完成国产化的备件中进行借鉴、推广和实施。

4）国产化设备的筛选及方法

对于推行进口备件的国产化，并不是盲目的一刀切，根据其在设备运行中的重要性，结合其国产化的可能性以及经济性能综合考虑，来进行进口件国产化的筛选，主要有以下几个方法进行进口备件的国产化甄别：

- 螺栓类进口备件，国内依照进口螺栓螺母的性能等级进行替换性生产试验，国产化螺栓螺母等金属件满足原进口件的性能要求，可进行国产件的替换；
- 阀门类进口备件，主要采取在国内寻找替代品，在满足现场技术参数要求和使用性能的基础上，以国内实力较强的产品进行国产化替代；
- 对油泵和过滤器等进口备件，由于其对机组稳定运行影响较大，却在国产设备中未能很好找到替换产品，暂缓国产化替代；可随着技术发展或国内生产商的成熟产品推广后，再逐步进行国产化替换；
- 对于进口管路接头等备件，以国内替代产品进行优先考虑，在接头规格参数等无法找到替代品的情况下，考虑进行接头连接方式的换型，以满足国内产品的替换要求，比如美制螺纹接头，可考虑用国标螺纹的接头进行更换；
- 进口设备密封件的国产化，专门进行了密封件的国产化项目，且已完成部分进口密封件的测绘加工，并安装在设备上进行使用实验，将根据实验效果，逐步推广更换；
- 对电磁阀组、控制阀组等进口备件，其大部分为国外进口，由于生产技术以及专利使用情况，暂未能使用国内产品进行替代，但对于国外品牌国内生产的阀组，亦可作为我们推进国产化的选择。
- 对于其他已进行过国产化的备件类别，可根据现场的使用情况，在其他电站或机组推广实施，比如压油罐的自动补气阀、安全阀等。

5）进口备件国产化方法

针对统计出来的进口备件进行再一次的细化，筛选出 139 项可进行国产化的备件，并逐项进行国产化方法说明，在原进口备件统计基础上筛选出来的可进行国产化的备件清单上可知，大部分的螺栓件，管路接头件均可使用国内同性能要求的备件进行替换，对一些数量较少而非标准件的物资，可进行合作开发，对有实力的生产商进行一定的经济补偿，研制适用于机组的备件备品，还有一部分可进行结构形式换型或改进的设备，应采取技术升级的方法进行国产化。

6）已进行国产化的进口备件统计

新建电厂或电站设备换型改进时，已逐步在推进国产化的进程，许多电站的进口设备已完成国产化的试验和使用，很多使用例子可作为深化进口设备国产化项目参考，基于此情况，对已完成国产化设备使用情况进行统计，以指导其他进口设备国产化项目更加便捷和可靠地推行。

表 7 - 18　已完成国产化设备使用情况

序号	备品备件名称	国产化情况	备注说明
1	压油罐自动补气阀	已采用国产西安江河自动补气阀产品，运行良好	可考虑对压油罐自动补气阀进行国产化替换
2	压油罐安全阀	已采用国产安全阀	采购国产安全阀换型
3	导叶端面密封	已进行国产化替换试验	可让国内著名密封件厂家按图生产替换
4	风闸	已推广使用国产风闸	可根据换型后使用情况，逐步替换进口风闸
5	空冷器橡胶膨胀节	已完成部分机组国产橡胶膨胀节更换	可逐步替换其他进口橡胶膨胀节
6	其他密封件	已完成调速系统及水轮机等密封国产化试验	根据密封国产化项目情况，推广替换进口设备密封件
7	主配压阀	逐步完成对主配压阀备件的国内生产替换	可考虑进行主配压阀的国产化生产替换，但需深度研究国产化后的影响
8	齿盘测速钢带	已进行国内厂商按图加工，并在机组上使用效果良好	国内生产可完全替代
9	导叶中轴套密封、接力器活塞杆密封等	在密封国产化项目中进行有标志性的密封国产试验，并安装到设备中进行使用，至目前未发现问题	可根据试验效果，推广其他密封件的国产化替换

3. 研究结论：

通过此次对进口设备的国产化研究以及实施，我们全面了解了巨型水电站机械设备的管理过程中，哪些设备具备国产化条件，而哪些设备可以逐步替换，使我们在后续的新电站设计选型以及机组优化改进工作中备件的选择上有更加可靠的数据支撑，避免我们的设备管理受限于进口产品，提升管理效率和维护水平。

7.7　某机组推力头与镜板连接专项处理研究

1. 现象描述：某电站推力轴承采用小支柱双层瓦支撑结构，推力头与镜板连接螺栓为内外圈共 32 个 M20 螺栓，镜板与推力头之间合缝无密封圈。机组自投入运行以来，推力轴承逐步产生如下问题：1）推力头与镜板连接螺栓均有不同程度的松动及螺栓断裂情况；2）机组镜板与推力头组合缝存在局部间隙及油流情况；3）镜板与推力头组合面锈蚀较严重；4）镜板水平面严重超标，引起烧瓦事故。

图 7 - 32　镜板与推力头组合面锈蚀情况

2. 分析研究：与其他类型机组相比，该类型机组镜板厚度较薄，机组运转时，镜板在推力轴瓦的作用下，出现了周期性的波浪变形蠕变。而推力头的刚性远比镜板要大，可假定为不变形的刚体，因此当推力头与镜板结合面处于相邻两块推力瓦之间时，就出现缝隙，当转至推力瓦面上部时缝隙就被压合，如图 7 - 33 所示，当瞬间产生缝隙，油被吸入，同时在负压作用下，油中产生大量蒸汽泡，最有利于产生气泡的位置是在液体与钢壁的分界面上，而当缝隙被压合，气泡将被压缩而突然破裂，产生具有破坏力的冲击波，使推力头与镜板结合面产生冲击波剥蚀破坏。冲击波对接触面的破坏是呈等高线型逐渐缩小的蚕食过程，最后完全被蚕食掉，即由接触受力面变为不受力面，继而使别的不受力面上升为接触受力面，接着它又遭受气蚀破坏，周而复始。

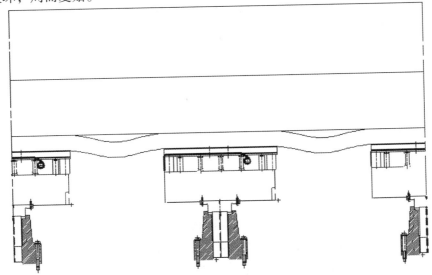

图 7 - 33　周期性的波浪变形示意图

3. 处理措施：

通过分析我们知道，此类型机组镜板由于其本省结构，无法避免其在运行过程中的变形，且其在把合力矩以及传递旋转扭矩方面未能合适设计，导致了出现螺栓断裂，镜板把合面锈蚀，油品裂化等情况发生。由于机组镜板不具备替换条件，所以对此研究是在不改变原大尺寸结构的条件下，优化镜板与推力头的把合方式，以达到优化效果，避免相同缺陷的出现。主要改进如下：

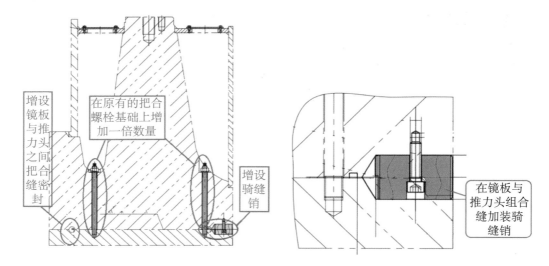

图 7-34 推力头镜板改进优化图纸

1）加密连接螺栓的方式加强推力头与镜板的连接，由原来的内外圈各 16 个 M20 螺栓增加至 32 个 M20 螺栓，以减小镜板的变形；

2）在推力头下工作面加工两个密封槽，加入密封条以防止透平油进入推力头与镜板结合缝，防止透平油进入镜板与推力头把合面出现气蚀发生；

3）在推力头与镜板组合面的外圈均匀增加 8 个 Φ50 的骑缝销，作为旋转扭矩的传递点，减轻镜板把合螺栓的剪切作用力，防止机组运行过程推力头与镜板出现相对位移；

4）通过镜板的研磨修复，恢复推力头与镜板的尺寸以及形位公差，满足设计尺寸要求。

4. 研究结论：

通过对机组推力轴承缺陷的处理，我们得到以下经验：

1）推力头与镜板组合面外圈应设计径向销，防止推力头与镜板产生较大的相对位移，同时减小推力头与镜板连接螺栓承受的切向力；

2）镜板与推力头结合面间应设计圆形密封橡皮盘根，可有效防止推力头与镜板间的油流；

3）对镜板厚度的设计，宜采用厚薄冰结构，适当加大镜板的厚度外径尺寸比，能够有效减轻镜板在运行中薄壁变形量。

7.8　压力钢管伸缩节导流板撕裂处理研究

1. 现象描述：某机组伸缩节结构形式为波纹管加橡胶水封密封的套筒式伸缩节。伸缩节由上下游内套管、外套管、波纹管、水封装置（水封填料、压圈及限位装置）等组成。

运行过程中发现导流板出现撕裂现象，固定螺栓出现断裂缺失，更有个别机组出现整板脱落（整个圆周安装的 6 块导流板，下部 3 块已完全脱落，且已被水流冲至蜗壳的导流叶片处，上部的 3 块中有 2 块部分脱落呈悬挂状态，仅有靠上部的那 1 块没有异常现象），如图 7 – 35 所示。

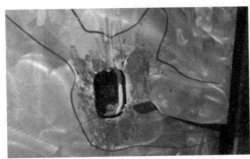

图 7 – 35　导流板的裂纹图片

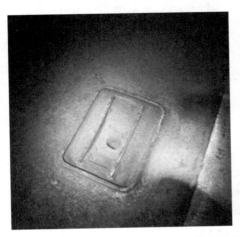

图 7 – 36　检查中发现的螺栓缺失情况

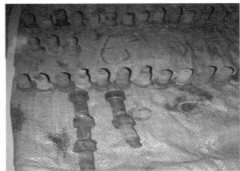

图 7 - 37　取出的旧螺栓

图 7 - 38(a)　导流板脱落　　　　图 7 - 38(b)　脱落后冲至固定导叶处

2. 分析研究：

1）在现场发现遗留的导流板断裂螺栓，其断裂位置在螺栓根部应力集中处，断口的截面中心呈鼓起状，螺栓的螺纹部分则完好无损，经分析，此为典型的由应力集中和振动引起的疲劳破坏现象。而部分螺栓在导流板发生振动后因疲劳首先发生了断裂，在水流的冲击下导流板的局部被翘起，临近螺栓的受力突然变大，联接螺栓依次断裂，导流板被逐渐撕裂甚至脱落。

2）从结构布置上看，导流板是通过螺栓固定在外套管上，导流板是伸缩节的子结构。外套管的频率较低，与机组运行频率接近，在上述外力作用下，上下游内套管和外套管产生振动，通过螺栓与外套管连接的导流板也会随之产生振动，而导流板方形螺栓孔是导流板局部薄弱部位，四个尖角处又是应力集中区，机组运行时这些部位长期振动运行，最终导致疲劳撕裂。如果在螺栓孔口周边加肋，孔口局部加强后应力集中区缓解，但固定导流板的螺栓又变为局部薄弱环节，最终螺栓也产生疲劳破坏。

3）由于引水道中的高速水流直接冲刷导流板，其振动是不可避免的。导流板在脉动水压力作用下产生了较大的脉动应力，长期持续振动的结果必然导致导流板应力较大薄弱部位（孔口或螺栓）产生疲劳破坏。

4）伸缩节有限元计算结果表明，静水压力作用下导流板与波纹管连接部位静应力很大，可能直接导致导流板破坏。

3. 处理措施：水流脉动压力引起导流板振动，应该在导流板上进行抗振和减振处理，减小导流板尺寸。原安装的导流板，上下游螺栓固定的支点距离较大，而中间正好存在一个与外套管之间的空隙，当水流压力脉动时，空隙两侧的水压会有差异变化，因此在中间处增加螺栓固定点，缩小上下游间的支点距离，会对限制振动起很大的作用。采用 T 型板连接进行了技术改造，如图 7 – 39 所示。

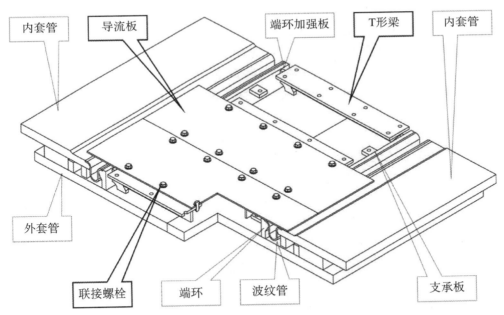

图 7 – 39　伸缩节安装新导流板后的局部三维剖视图

4. 研究结论：通过对机组伸缩节导流板的脱落情况分析研究，结合处理过程，我们得出以下研究结论：

1）消除或降低导流板螺栓孔的应力集中可采取措施：在老导流板螺栓孔周边加肋，逐步更换导流板时，建议将新导流板螺栓孔做成圆形的，可避免在方形孔的四角产生应力集中现象；建议在新导流板上减少平压孔的数量，以增强导流板的整体性和抗振性。

2）水流脉动压力引起导流板振动，应该在导流板上进行抗振和减振处理。如减小导流板尺寸，在连接螺栓杆上增加弹簧垫圈耗能。

3）导流板和波纹管连接部位的设计方案要进一步加强研究，以期降低该处的静应力，确保结构安全。还可以考虑在伸缩节与内外套管的连接方式上进一步进行减振方案的研究。

7.9 技术供水系统正反向倒换操作方法研究

1. 现象描述：

机组电站技术供水系统水源直接取自机组蜗壳水，由于水中含沙量及杂质较多，为防止各运行设备和冷却器管路堵塞，按照运行规程，需要定期对技术供水系统进行正反向倒换。但现倒换方式存在一定的隐患，影响机组的安全稳定运行。

当前反向供水倒换为正向的操作步骤为：同时全开技术供水正向供水、排水电动阀；正向供水阀门全开后，立即同时全关反向供水电动阀；机组技术供水系统减压阀后管路正常流量为 $1780m^3/h$，压力为 0.380MPa。在机组技术供水倒换操作中，当正向供水电动阀全开，且反向供水电动阀全开时，水流大部分排至尾水，系统流量剧增至 $3500m^3/h$，技术供水管网压力降低为 0.310MPa，导致工作减压阀全开；而当反向供水电动阀全关后，系统流量缓慢恢复，但减压阀不能迅速恢复至原工作状态，从而导致供水压力迅速升高至泄压/持压阀的动作整定值（0.55MPa），泄压/持压阀动作泄压，系统流量缓慢恢复正常。在系统压力回复过程中，由于工作减压阀动作缓慢，因此系统压力恢复时间较长（约40min）。整个过程中，技术供水管网振动较大并伴有很大的噪声。

电站机组最大水头可达 100m，减压阀前压力将达 1MPa，大于系统使用设备的压力等级，按目前的方式进行倒换，如果倒换过程中，泄压/持压阀故障，对机组各用水设备乃至供水管网可能将造成严重后果，威胁机组的正常运行。

表7-19 主要用水设备耐压等级

设备	上导轴承冷却器	推导轴承冷却器	空气冷却器	水导轴承冷却器
耐压等级（MPa）	0.75	0.75	0.75	0.75

2. 分析研究：

机组技术供水的正反向倒换主要有以下 2 种方式，通过摸索和实际操作，汇总不同倒换方式下，对水流压力以及管路振动等情况进行比较分析，可知在合适倒换方式下，可以大大降低技术供水倒换带来的设备损坏风险，下面是我们在研究倒换方式时记录的试验数据。

正反向倒换方式 1：同时开启技术供水反向供水阀，待反向供水阀全开后，全关正向供水阀。倒换过程系统流量、压力变化见表 7 - 20：

表 7 - 20　正反向倒换方式 1 系统流量、压力记录表

	倒换前	倒换中	倒换后
减压阀后流量值（m^3/h）	1780	3500	2400
减压阀后压力值（MPa）	0.380	0.310	0.55

正反向倒换方式 2：将正向供水阀门关闭至 50% 开度的同时开启反向供水阀门，直到正向供水阀门全关、反向供水阀门全开。倒换过程系统流量、压力变化见表 7 - 21：

表 7 - 21　正反向倒换方式 2 系统流量、压力记录表

	倒换前	倒换中	倒换后	稳定值
	正向供水阀门开反向供水阀门关	正向供水阀门 50% 开度、反向供水阀门开启瞬间	正向供水阀门关反向供水阀门开	正向供水阀门关反向供水阀门开
流量（m^3/h）	1750	1850	1800	1750
压力（MPa）	0.392	0.483	0.410	0.392

倒换方式 2，整个倒换试验过程中，机组技术供水系统压力和流量均十分平稳，无明显波动，机组技术供水系统恢复至正常运行的压力和流量的时间不到2min。且整个试验过程中，机组技术供水管网无明显振动和噪声，倒换效果良好。

通过以上 2 种关于机组技术供水正反向倒换的方式比较，以及记录操作过程中的相关数据，我们知道方式 2 的倒换更适合巨型机组，降低操作风险。

3. 研究结论：

通过对机组技术供水正反向倒换过程中存在的问题进行研究以及分析后，优化改进技术供水倒换方式，并在实际工作当中进行试验，取得了很好的研究效果，并且此技术供水正反向倒换方法可推广运用到其他大型水电站的实际维护运用中。

7.10　隔膜式消防雨淋阀阀芯卡滞处理研究

1. 现象描述：隔膜式雨淋阀利用隔膜运动实现阀瓣的启闭，由内置隔膜将阀内分为压力隔膜控制腔和主进水腔、工作出水腔。压力隔膜控制腔位于主阀芯上部，压力水引自进口侧，内置平衡弹簧，由于隔膜上、下受力的差异，实现密封。当发生火灾时，火灾探测器发出信号，通过火灾报警器实现自动打开隔膜雨淋阀上的电磁阀（也可手动打开旁通快开阀），使压力隔膜控制腔的水快速排出，泄压后作用于阀瓣下部的水（主进水腔）迅速推起阀瓣进入（工作出水腔）系统管路喷水灭火。

现有的隔膜式雨淋阀压力隔膜控制腔的取水口设置在主管路阀门后，复位是通过压力隔膜控制腔与进水口压力相等时依靠弹簧力的作用使主阀芯下移复位，进而使雨淋阀处于伺服状态。由于雨淋阀阀芯长期不动作，水垢增多造成阀芯卡滞，导致雨淋阀喷淋后主阀芯很难复位。

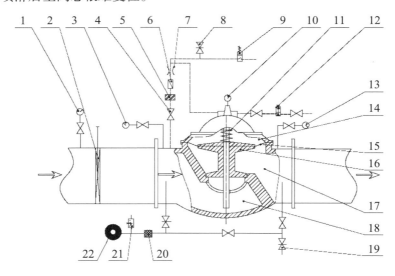

图 7 -40　现有隔膜式雨淋阀回路系统

（1—主管路压力表；2—主管路进口阀门；3—进口压力表；4—控制管路球阀；5—控制管路滤水器；6—控制管路止回阀；7—控制管路节流阀；8—旁通快开阀；9—电磁阀；10—压力隔膜控制腔压力表；11—弹簧；12—防复位控制器；13—出口压力表；14—压力隔膜控制腔；15—隔膜压片；16—主阀芯；17—工作出水腔；18—主进水腔；19—出口排空球阀；20—过滤器；21—压力开关；22—水力警铃）

2. 分析研究：我们通过对故障隔膜式消防雨淋阀的解体研究，发现其阀芯未能迅速复位是由于阀组日常长时间处于备用状态，由于水流的锈蚀影响，阀芯表面出现锈蚀，摩擦力增大，原弹簧复归作用力不足，一旦到设备运行时，其未能按照预期复位，导致雨淋阀的动作卡滞现象。根据此原因，我们有针对性地对此进行了改进优化，一方面定期对雨淋阀进行检查维护，保证阀芯动作灵活；另一方面，将压力隔膜控制腔的取水口设置在主管路进口阀门 2 之前，通过控制管路与压力隔膜控制腔相通，增强雨淋阀实际控制时阀芯的压差，确保阀芯动作到位。见图 7 -41完善后隔膜式雨淋阀回路系统（虚线为控制管路）。

3. 研究结论：隔膜式雨淋阀作为设备消防的重要部件，其动作可靠是巨型电站机组安全运行的关键保证。由于雨淋阀阀芯长期不动作，水垢增多造成阀芯卡滞，导致雨淋阀喷淋后主阀芯很难复位，如果增加复位的弹簧力，将会使开启压力增大，影响主阀芯开启的可靠性；通过研究分析，对雨淋阀控制腔的取水位置进行优化改进，能够有效确保隔膜式雨淋阀组的动作和复位。

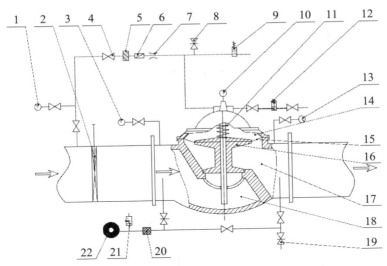

图 7 - 41　完善后隔膜式雨淋阀回路系统伺服状态

7.11　机组噪声测试研究

1. 现象描述：当前巨型水轮发电机组在运转过程中，随着运行工况的不同，机组结构的不同，会产生相应的噪声，其不同频率和幅值对不同情况会反映出相对应的数值，通过对不同机组在运行过程中噪声的数据分析，能够全面了解机组噪声产生的原因并指导设备维护处理。

2. 分析研究：根据项目进行实验研究如下。

1）测点布置

（1）水车室噪声

（2）蜗壳门噪声

（3）尾水门噪声

2）试验内容与工况

将机组一、机组二、机组三与机组四进行 430MW ~ 700MW（或 700MW ~ 430MW）阶梯变负荷试验，同步采集水车室、蜗壳门与尾水门噪声信号。

3）噪声 L 声级、A 声级

噪声是一种声音，声音是由物体的机械振动而产生的。振动的物体称为声源，它可以是固体、气体或液体。声音可以通过介质（空气、固体或液体）进行传播，形成声波，声音有强弱之分，并用声压 p 来表示其大小，单位是 Pa（帕）。

由于声压变化的范围很大，同时考虑人耳对声音强弱反应的（对数）特性，用对数方法将声压分为百十个级，称为声压级。

声压级的定义是：声压与参考声压之比的常用对数乘以 20，单位是 dB（分贝），即：

$$L_p = 20\lg \frac{p}{p_0}(dB)$$

式中：p 为声压（Pa），$p_0 = 2 \times 10^{-5}$ Pa 是参考声压，它是人耳刚刚可以听到声音的声压。

L 声级是对噪声频率成分没有计权的总声压级，A 计权声级是对频率进行 A 型计权后求得的总声压级，用 A 计权声级对连续宽频带噪声所做的主观反应测试能很好地反应人耳的响应。

4）试验结果

（1）机组一试验结果

机组一自然补气与强迫补气机组噪声 L 声级、A 声级与有功功率关系曲线；自然补气与强迫补气不同负荷，机组噪声频域 FFT 图；自然补气与强迫补气条件下，水车室、蜗壳门与尾水门噪声频域瀑布图如图 7－42 至图 7－55 所示：

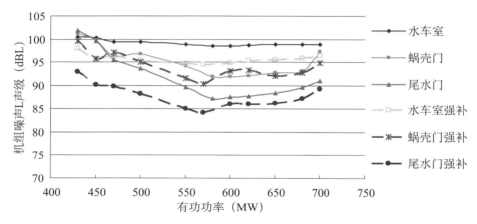

图 7－42　机组一机组噪声 L 声级与有功功率关系曲线

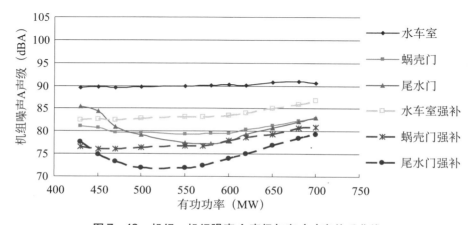

图 7－43　机组一机组噪声 A 声级与有功功率关系曲线

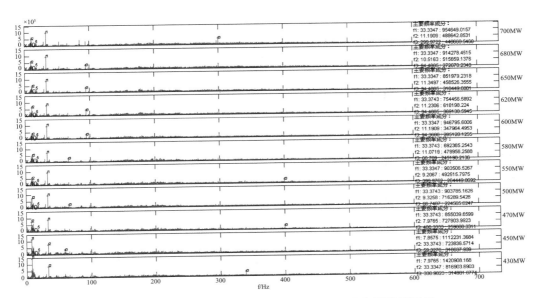

图 7-44　机组一自然补气不同负荷下水车室噪声频域 FFT 图

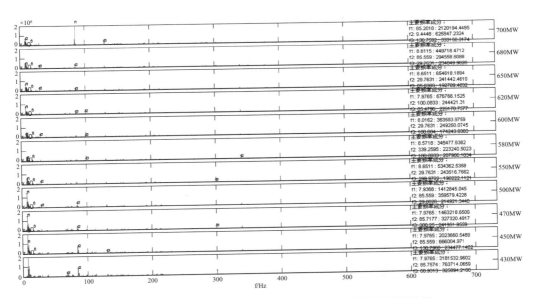

图 7-45　机组一自然补气不同负荷下蜗壳门噪声频域 FFT 图

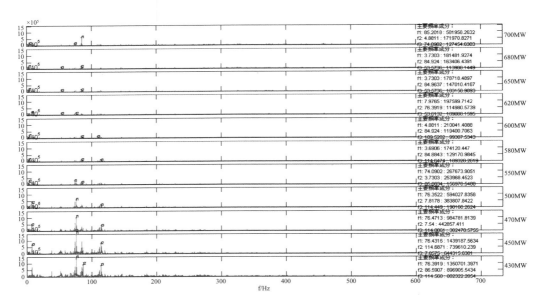

图 7 – 46　机组一自然补气不同负荷下尾水门噪声频域 FFT 图

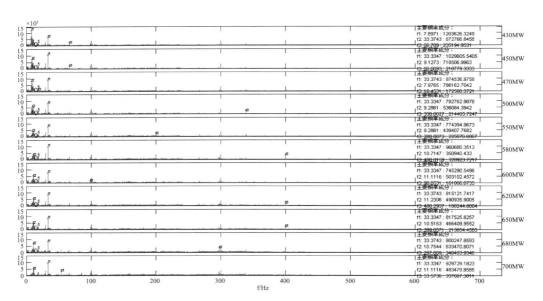

图 7 – 47　机组一强迫补气不同负荷下水车室噪声频域 FFT 图

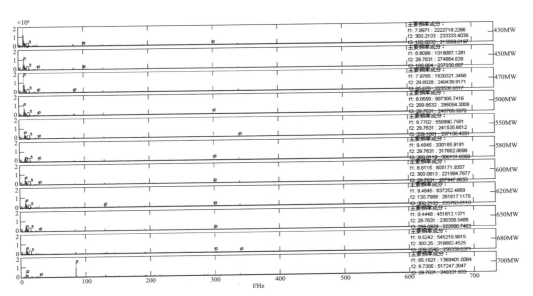

图 7-48　机组一强迫补气不同负荷下蜗壳门噪声频域 FFT 图

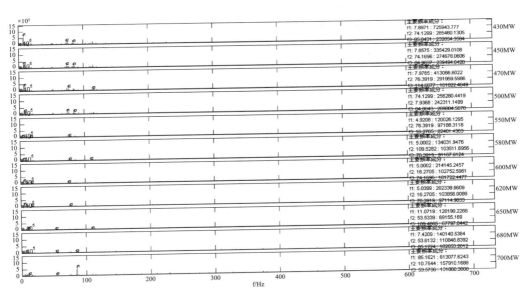

图 7-49　机组一强迫补气不同负荷下尾水门噪声频域 FFT 图

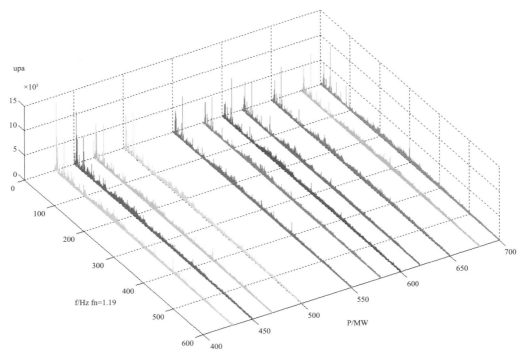

图 7 –50 机组一自然补气水车室噪声频域瀑布图

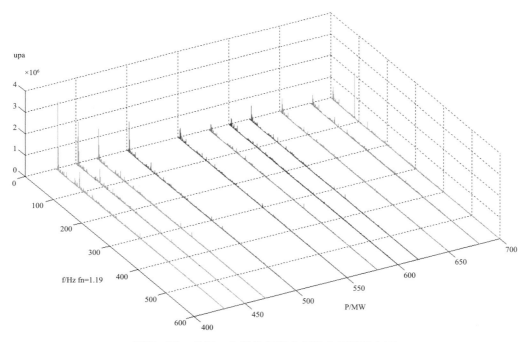

图 7 –51 机组一自然补气蜗壳门噪声频域瀑布图

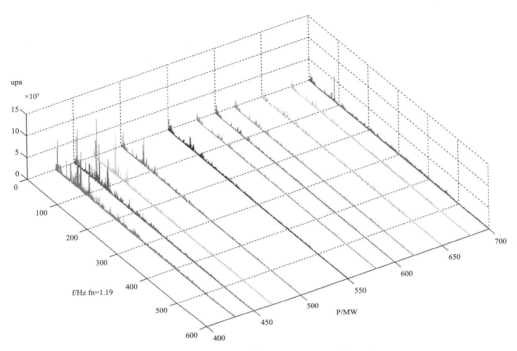

图 7 - 52　机组一自然补气尾水门噪声频域瀑布图

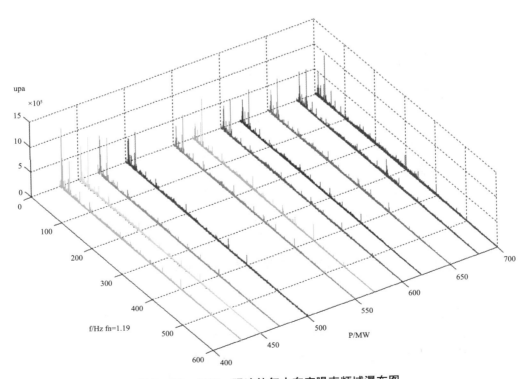

图 7 - 53　机组一强迫补气水车室噪声频域瀑布图

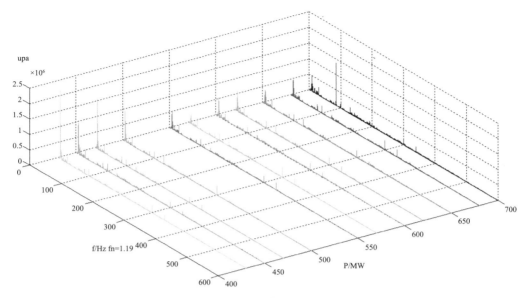

图 7-54　机组一强迫补气蜗壳门噪声频域瀑布

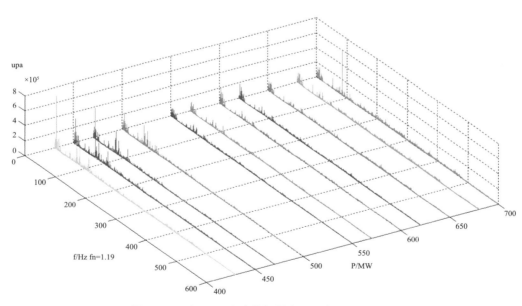

图 7-55　机组一强迫补气尾水门噪声频域瀑布图

（2）机组二试验结果

机组二自然补气与强迫补气机组噪声 L 声级、A 声级与有功功率关系曲线；自然补气与强迫补气不同负荷，机组噪声频域 FFT 图；自然补气与强迫补气条件下，水车室、蜗壳门与尾水门噪声频域瀑布图如图 7-56 至图 7-69 所示：

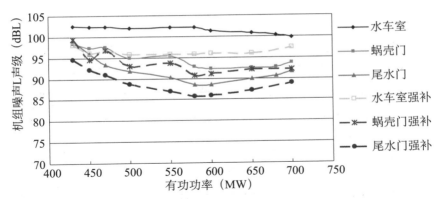

图 7 –56　机组二机组噪声 L 声级与有功功率关系曲线

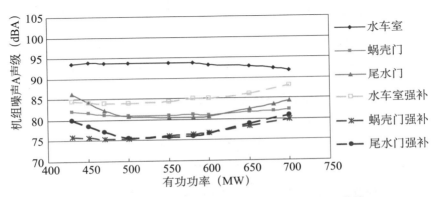

图 7 –57　机组二机组噪声 A 声级与有功功率关系曲线

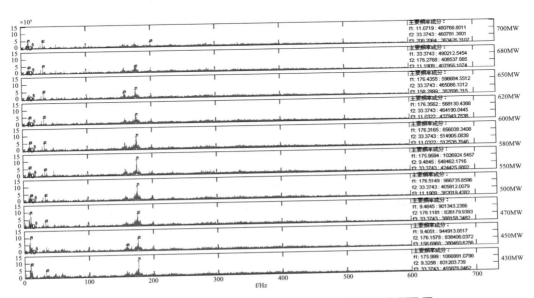

图 7 –58　机组二自然补气不同负荷下水车室噪声频域 FFT 图

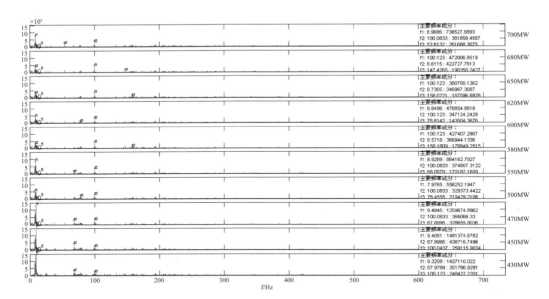

图 7-59　机组二自然补气不同负荷下蜗壳门噪声频域 FFT 图

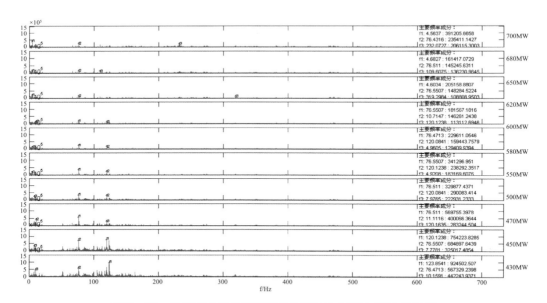

图 7-60　机组二自然补气不同负荷下尾水门噪声频域 FFT 图

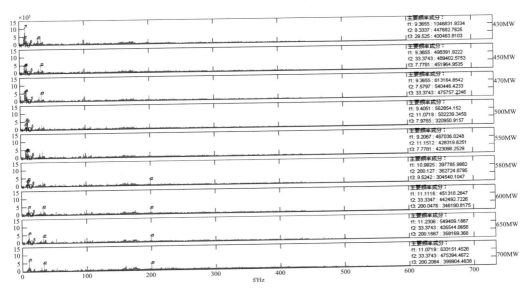

图 7 - 61　机组二强迫补气不同负荷下水车室噪声频域 FFT 图

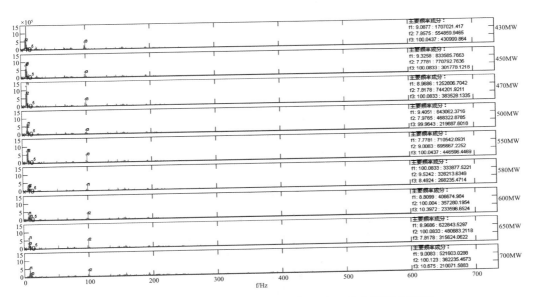

图 7 - 62　机组二强迫补气不同负荷下蜗壳门噪声频域 FFT 图

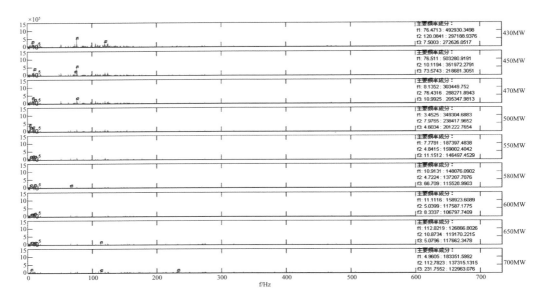

图 7 –63　机组二强迫补气不同负荷下尾水门噪声频域 FFT 图

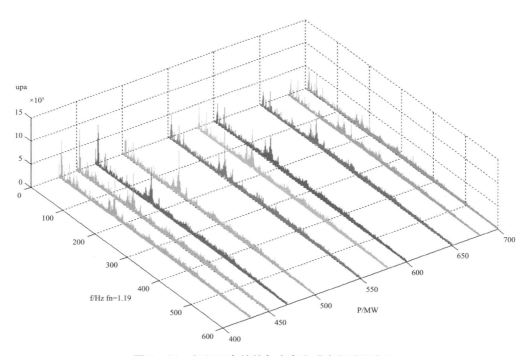

图 7 –64　机组二自然补气水车室噪声频域瀑布图

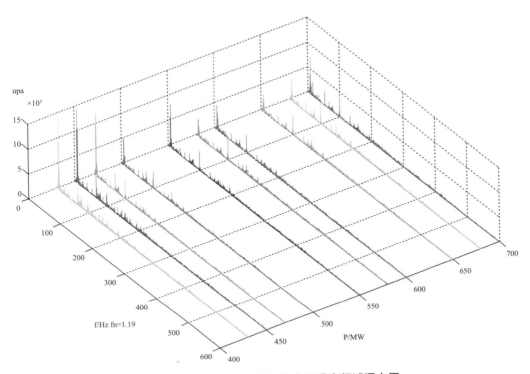

图 7 –65　机组二自然补气蜗壳门噪声频域瀑布图

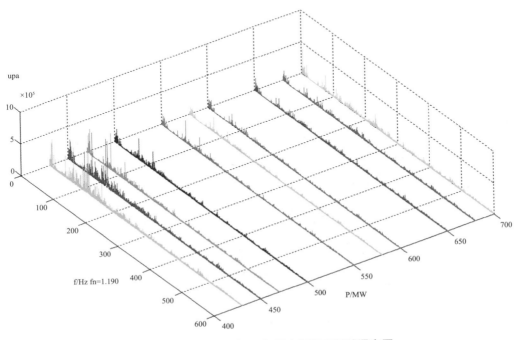

图 7 –66　机组二自然补气尾水门噪声频域瀑布图

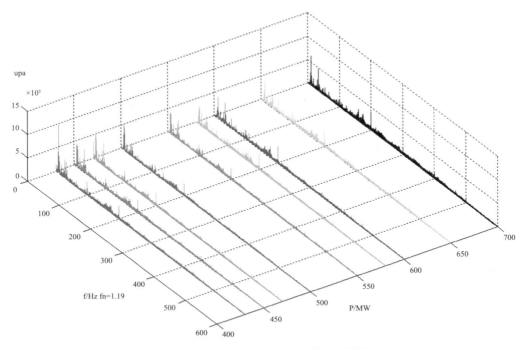

图 7 -67　机组二强迫补气水车室噪声频域瀑布图

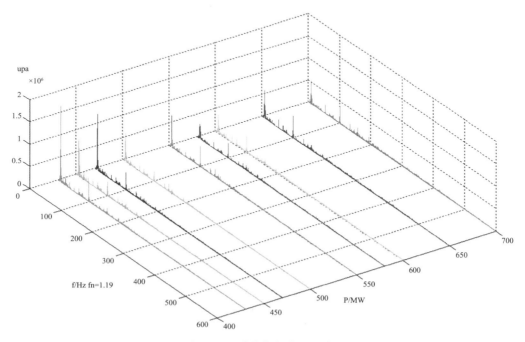

图 7 -68　机组二强迫补气蜗壳门噪声频域瀑布图

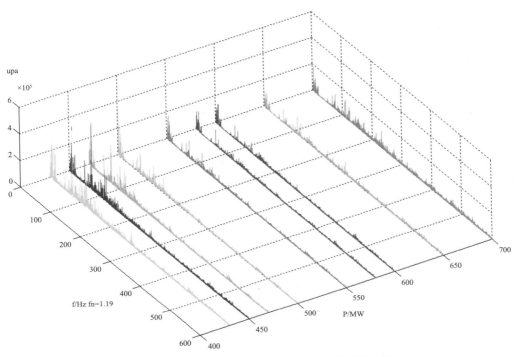

图 7-69　机组二强迫补气尾水门噪声频域瀑布图

（3）机组三试验结果

机组三自然补气与强迫补气机组噪声 L 声级、A 声级与有功功率关系曲线；自然补气与强迫补气不同负荷，机组噪声频域 FFT；自然补气与强迫补气条件下，水车室、蜗壳门与尾水门噪声频域瀑布图如图 7-70 至 7-83 所示：

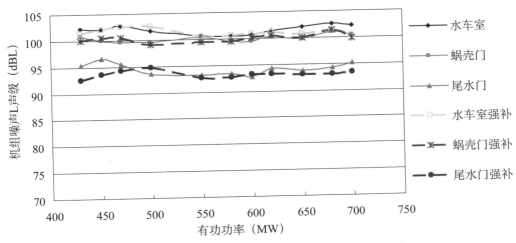

图 7-70　机组三机组噪声 L 声级与有功功率关系曲线

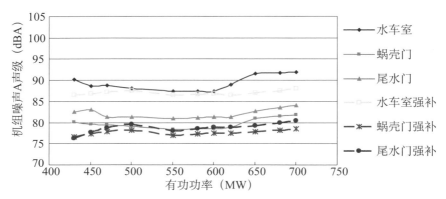

图 7 - 71　机组三机组噪声 A 声级与有功功率关系曲线

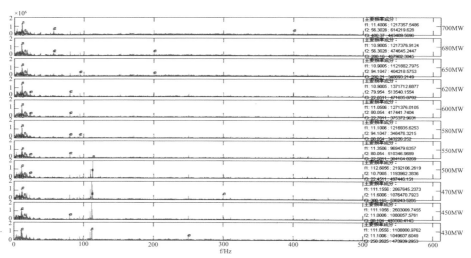

图 7 - 72　机组三自然补气不同负荷下水车室噪声频域 FFT 图

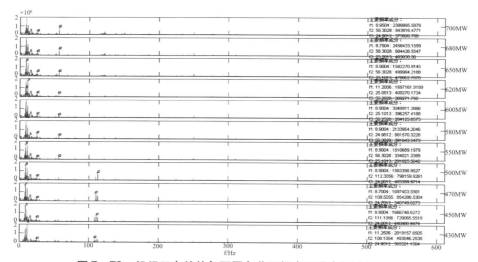

图 7 - 73　机组三自然补气不同负荷下蜗壳门噪声频域 FFT 图

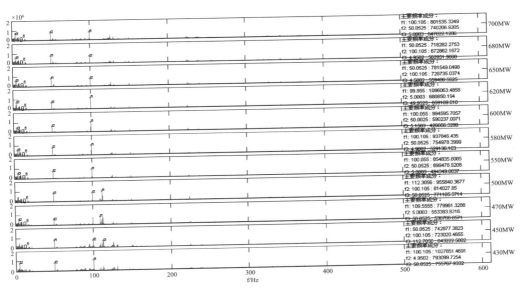

图 7 – 74　机组三自然补气不同负荷下尾水门噪声频域 FFT 图

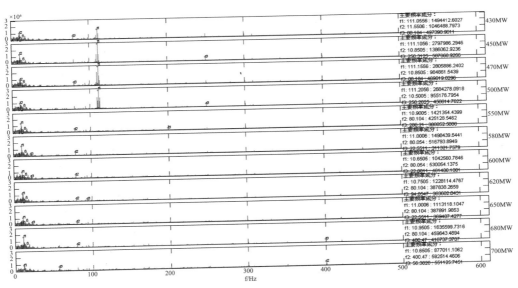

图 7 – 75　机组三强迫补气不同负荷下水车室噪声频域 FFT 图

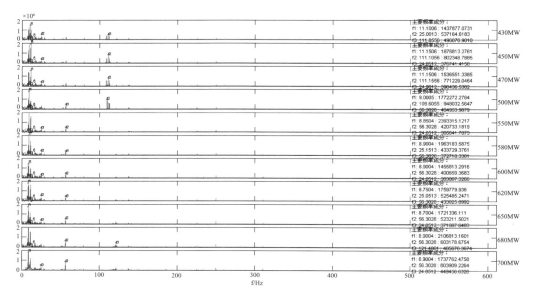

图 7-76　机组三强迫补气不同负荷下蜗壳门噪声频域 FFT 图

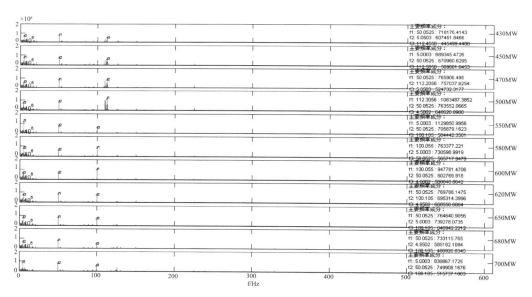

图 7-77　机组三强迫补气不同负荷下尾水门噪声频域 FFT 图

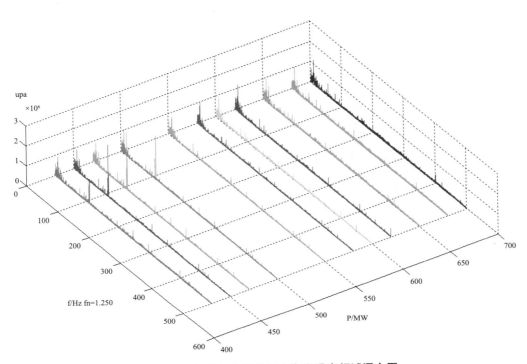

图 7 - 78　机组三自然补气水车室噪声频域瀑布图

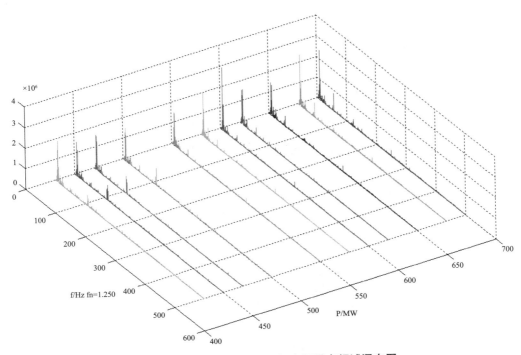

图 7 - 79　机组三自然补气蜗壳门噪声频域瀑布图

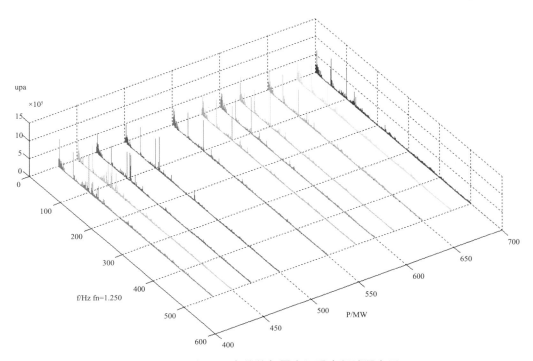

图7-80　机组三自然补气尾水门噪声频域瀑布图

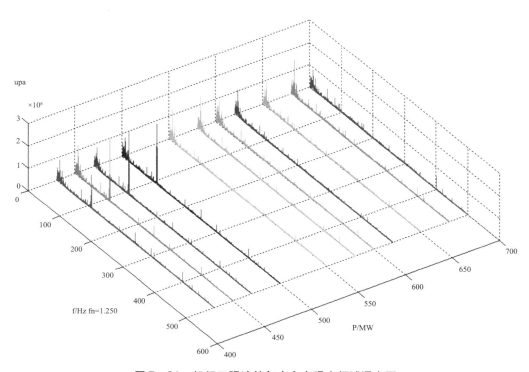

图7-81　机组三强迫补气水车室噪声频域瀑布图

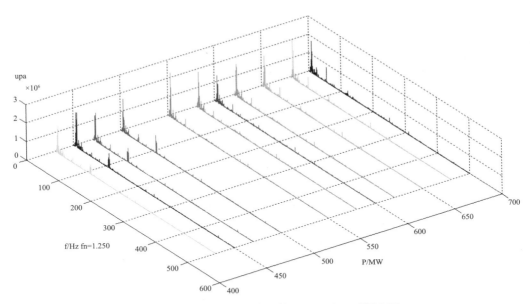

图7-82　机组三强迫补气蜗壳门噪声频域瀑布图

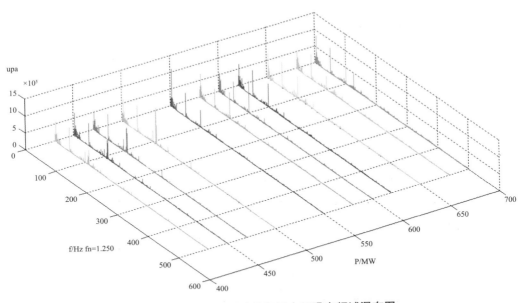

图7-83　机组三强迫补气尾水门噪声频域瀑布图

（4）机组四试验结果

机组四自然补气与强迫补气机组噪声 L 声级、A 声级与有功功率关系曲线；自然补气与强迫补气不同负荷，机组噪声频域 FFT 图；自然补气与强迫补气条件下，水车室、蜗壳门与尾水门噪声频域瀑布图如图7-84至图7-100所示：

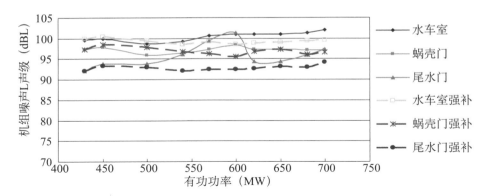

图7-84　机组四机组噪声 L 声级与有功功率关系曲线

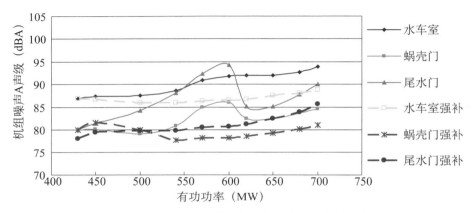

图7-85　机组四机组噪声 A 声级与有功功率关系曲线

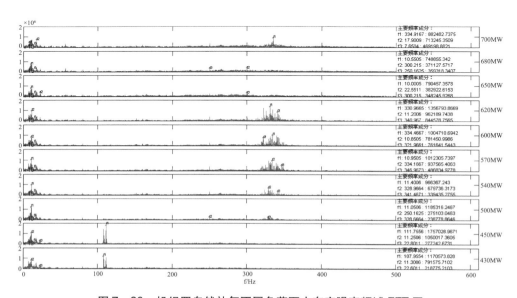

图7-86　机组四自然补气不同负荷下水车室噪声频域 FFT 图

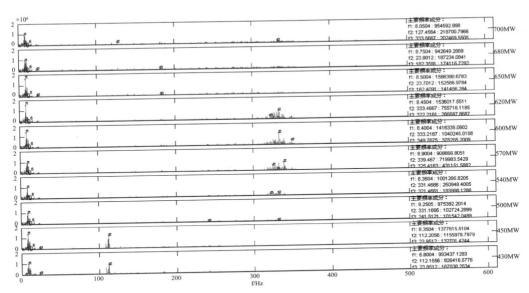

图 7 - 87　机组四自然补气不同负荷下蜗壳门噪声频域 FFT 图

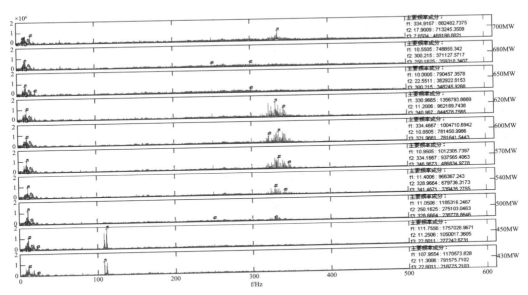

图 7 - 88　机组四自然补气不同负荷下尾水门噪声频域 FFT 图

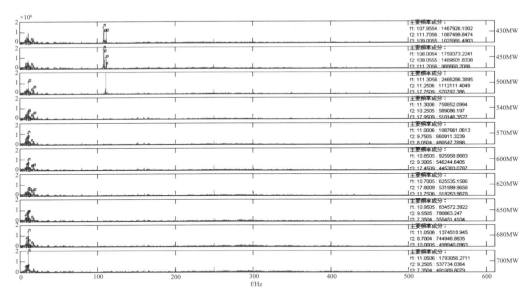

图 7 – 89　机组四强迫补气不同负荷下水车室噪声频域 FFT 图

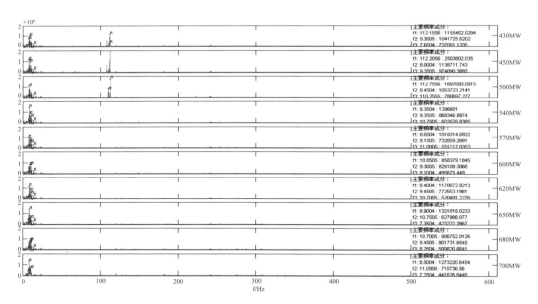

图 7 – 90　机组四强迫补气不同负荷下蜗壳门噪声频域 FFT 图

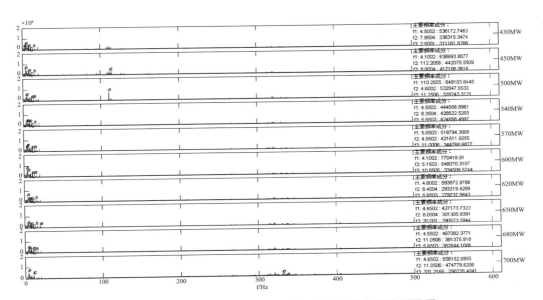

图 7-91　机组四强迫补气不同负荷下尾水门噪声频域 FFT 图

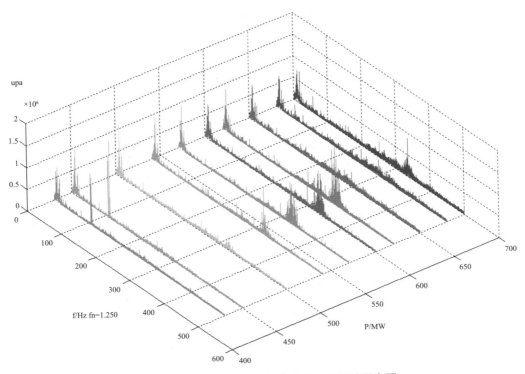

图 7-92　机组四自然补气水车室噪声频域瀑布图

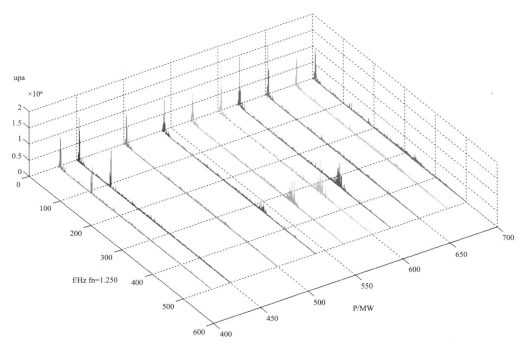

图 7-93　机组四自然补气蜗壳门噪声频域瀑布图

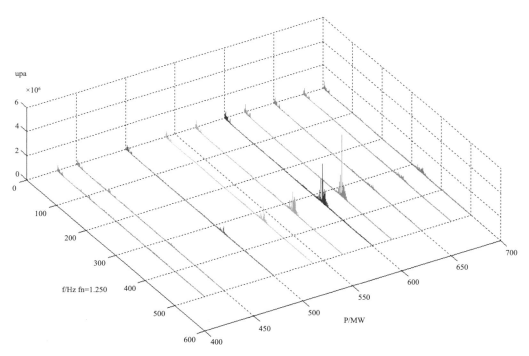

图 7-94　机组四自然补气尾水门噪声频域瀑布图

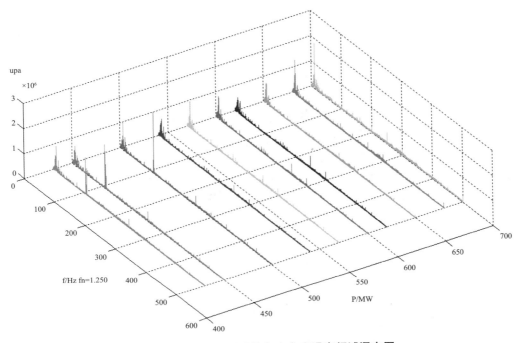

图 7 - 95　机组四强迫补气水车室噪声频域瀑布图

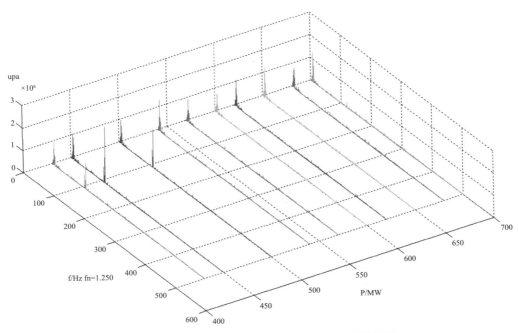

图 7 - 96　机组四强迫补气蜗壳门噪声频域瀑布图

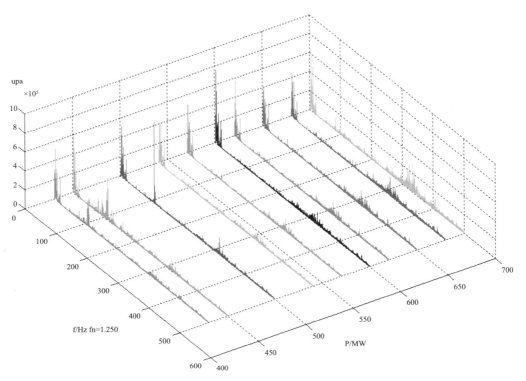

图 7 - 97   机组四强迫补气尾水门噪声频域瀑布图

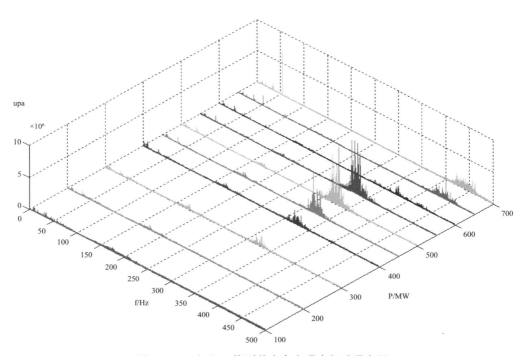

图 7 - 98   机组四修型前水车室噪声频域瀑布图

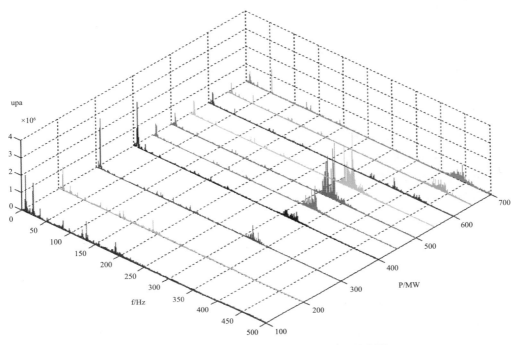

图 7 - 99　机组四修型前蜗壳门噪声频域瀑布图

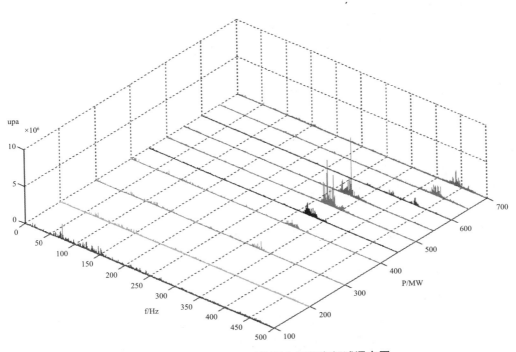

图 7 - 100　机组四修型前尾水门噪声频域瀑布图

3. 研究结论

机组噪声和机组振动存在密切联系。对机组噪声的分析，有利于我们对机组运行工况进行了解并指导机组的非稳态工况，避开噪声区，保证机组在相对稳定的状态下运行。研究过程中，我们对机组进行了强迫补气试验，以便有针对性地分析机组噪声是否与机组的涡带工况有关联，从而更有效地反映出机组的特殊脉动区，制定机组的稳定运行特性曲线。

1）机组一在 430～700MW 负荷范围内，机组噪声 A 声级均小于 92dBA，蜗壳门与尾水门噪声随负荷变化总趋势呈 V 字形，在 570MW 负荷附近有最小值；水车室噪声主要频率成分为 33Hz、10Hz 与 94Hz，蜗壳门噪声主要频率成分为 85Hz 与 9Hz，尾水门噪声主要频率成分为 85Hz 与 114Hz，强迫补气对减小机组噪声有明显效果。

2）机组二在 430～700MW 负荷范围内，蜗壳门与尾水门噪声随负荷变化总的趋势呈 V 字形，变化趋势与机组一基本一致。在 580MW 附近有极小值；叶片修型后，在 430～700MW 负荷范围内，330Hz 与 445Hz 左右的高频成分基本消除，而 176Hz 左右的频率成分依然存在且成为主要成分，强迫补气对减小 176Hz 左右的频率成分有明显效果。蜗壳门噪声主要频率成分为 9Hz 与 100Hz，尾水门噪声主要频率成分为 76Hz 与 120Hz，强迫补气对减小机组噪声有明显效果。机组二噪声总体水平比机组一要大一些。

3）机组三在 430～500MW 负荷范围内，水车室、蜗壳门与尾水门噪声均出现了 112Hz 左右的频率成分，强迫补气对减小 112Hz 左右频率成分没有作用；在 430～500MW 负荷范围内，水车室与蜗壳门噪声均有 10Hz 左右的频率成分。尾水门噪声主要频率成分为 100Hz 与 50Hz。强迫补气对减小机组噪声有一定效果。

4）机组四在 430～450MW 负荷范围内有 112Hz 左右的频率成分，机组在 500MW 负荷开始出现 330Hz 左右的高频成分，且随着负荷的增加，其幅值逐步增大，在 620MW 负荷左右达到最大。在 650～680MW 负荷范围内 330Hz 的高频成分消失，在 700MW 负荷又开始出现。强迫补气对减小机组噪声有明显效果。

7.12　机组动平衡配重经验技术研究

1. 现象描述

机组对振动摆度有较高的要求。对于机组运行水头变化较大的电站，部分机组运行过程中某种水头工况下出现摆度偏大情况。在处理机组摆度方面，通过进行多批次的处理，能够总结归纳出一套由于机组动不平衡产生摆度偏大的处理方案，即进行配重处理。下面是我们在多台机组配重后技术研究的规律，总结出来快速制定配重方案的一些研究成果。

2. 分析研究

1) 满足机组动平衡实时配重降低摆度的条件

符合动平衡配重机组需满足以下两方面条件：

（1）机组三部轴承摆度过大，尤其是上导、下导摆度，其频率为机组转频倍数，且其幅值接近通频值。

（2）在机组热稳定后，结合变转速试验数据分析，出现其下导摆度一倍频幅值随机组转速升高而不断增大的现象。

具备上述两方面条件，可以通过动平衡配重方式降低一部分因质量不平衡而引起的机组摆度偏大的问题。

2) 动平衡配重原理及公式

动平衡配重的角度依据键相片同振动信号的相位而定。相位 φ 指的是用角度来表示的两个信号之间的计时关系，即从键相器信号触发到振动信号第一个正峰值之间的角度。为了平衡该方向的质量不平衡，则需要在对应反方向增加配重块予以抵消，因此实际中的配重角度为 $\varphi - 180°$。

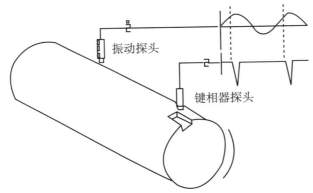

键相器与振动信号的叠加

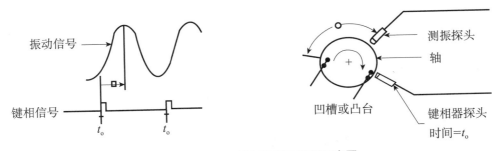

图 7-101　机组键相及振动监测示意图

配重块的重量通常按经验公式计算得到：

$$P = 0.45VM/Rn^2$$

其中，V——机组配重前最大振幅峰峰值（μm）；

P——试重块重量（kg）；

M——转子重量（kg）；

g——重力加速度（cm/s^2）；

R——配重半径（cm）；

n——额定转速（r/min）。

以某机组举例：机组 $M = 1827 \times 10^3 kg$，$R = 889.5 cm$，

$n = 75 r/min$，$V = 400 \mu m$（现场数据），

则 $P = 0.45 \times 400 \times 1827 \times 10^3 / (889.5 \times 75^2) = 65 (kg)$。

3）动平衡试验步骤及配重方法

（1）机组开机稳定后，进行变转速试验。分别调整机组转速到 50% nr、70% nr、90% nr、100% nr，待转速稳定后同步采集机组振动、摆度、键相数据。

（2）根据变转速试验数据进行首次试配重。首次试配重以键相片方向为 0 度，键相片根据现场机组安装位置来确定，将配重块用螺栓固定在靠近转子下端面的转子筋板上。

（3）重新开机观察首次配重结果。开机至最优工况，观察振动摆度数据。主要观察上导和下导摆度转频幅值是否下降，以及上导和下导转频相位是否有较大的变化。如摆度转频幅值有明显下降且相位变化不大，则说明首次试重方位正确。

（4）根据试重前后的数据，计算第二次配重的方向和配重量。根据计算结果进行第二次配重，配重块安装方式与第一次相同。

（5）再次开机检验配重效果。开机至最优工况，观察振动摆度数据。主要观察上导和下导摆度转频值是否下降至期望值，以及上导和下导转频相位是否有较大的变化。如摆度转频值达到期望值则结束配重，否则重复第 4、5 步，继续配重达到满意效果为止。

3. 研究结论

通过对多台 700MW 机组的动平衡试验，基本上可以掌握配重经验。通过前期的变转速试验，在判断机组摆度是由于动不平衡导致的原因时，则可以按照每 70kg 下降 100μm 这样一个影响系数进行动平衡配重。

7.13 主轴密封断水试验经验研究

1. 现象描述

在机组停机状态下，试验的 3 台机组在主轴密封供水停止、空气围带退出的情况下，来自转轮上腔的浑水可通过主轴密封排水管排出，并在较低的水位下达成平衡，即水箱排水管足以将浑水及时排走。但是浑水中含有一定的杂质，杂质进入工作密封块后容易划伤密封块。综合水库水质状况，冬季过机泥沙少，水质比较好；夏季水中泥沙含量多，水质较差。故机组在备用状态下，在冬季可实施机组停机状

态下断开主轴密封水的实验研究，研究成果可用于冬季机组备用时停主轴密封水达到节能目标。

2. 分析研究

实验是在机组停机状态下，当空气围带撤出，且在主轴密封断水情况下，观察主轴密封水箱水位是否发生变化。主要分析的有三种机型，每种机型选择一台机组进行实验并记录相关数据。

实验前机组相关状态：主轴密封供水投入，空气围带退出。

● 机型Ⅰ

工作人员到位后，对水箱内水位进行测量，此时水箱水位距工作密封支架表面961mm。关闭主轴密封供水40分钟后，水位维持在945mm。经测量，水箱水位约在排水管1/2处，排水管能满足主轴密封返水水量。

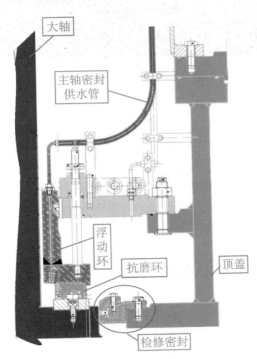

图 7 –102　机组主轴密封结构图

● 机型Ⅱ

工作人员到位后，对水箱内水位进行测量，此时水位距工作密封支架上表面850mm。关闭主轴密封供水，15分钟后水位维持在825mm。可见，主轴密封返水较小，主轴密封排水管足以排走密封返水的水量。

● 机型Ⅲ

实验前机组相关状态：主轴密封供水投入，空气围带退出。

工作人员到位后，对水箱内水位进行测量，此时水位距工作密封支架上表面

245mm。运行人员关闭主轴密封供水，水位开始维持在200mm，此后继续观察了15分钟，水位未发生变化。可见，主轴密封返水较小，主轴密封排水管足以及时将主轴密封返水排走。

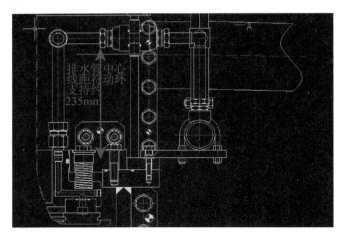

图7－103　主轴密封结构图

3. 研究结论

在满足机组停机、空气围带退出情况下，进行了三种机型主轴密封水投退实验，测量了断主轴密封清洁水后，主轴密封的返水情况，并记录水箱内水位情况，发现在断主轴密封清洁水后，水箱水位均下降，且排水管的排水容量大于主轴密封装置的返水水量。由此可以得出结论，主轴密封水在冬季备用时，可以将主轴密封清洁水退出运行，这样能够大大降低清洁水的使用量，又能保证主轴密封系统工作正常，达到节能降耗的目标。

7.14　巨型混流式机组过流部件防腐处理研究

1. 现象描述

水轮发电机组的过流部件包括机组压力钢管、蜗壳以及座环等，其在长期的运行过程中受到水流的侵蚀、泥沙的冲刷以及水流的脉动气蚀等的综合作用，出现金属过流部件的锈蚀、涂层脱落等情况。为了更好地研究机组过流部件的锈蚀情况。了解原因并总结过流部件防腐试验的经验，以进一步指导机组过流部件的防腐防护，需要进行机组过流部件防腐处理研究。

2. 分析研究

1）金属构件腐蚀的分类

（1）从腐蚀的形貌可将金属结构腐蚀分为全面腐蚀和局部腐蚀

全面腐蚀：又称均匀腐蚀或整体腐蚀，是指与环境相接触的材料表面因均匀腐蚀而受到损耗。腐蚀的结果是金属表面以近似相同的速度变薄，重量减轻。但要注意的是，绝对均匀的腐蚀是不存在的，厚度的减薄并非处处相同。

局部腐蚀：腐蚀的发生局限在结构的特定区域或部位上。局部腐蚀又可分为以下几类：

①点蚀

发生在金属表面极为局部的区域内，造成洞穴或坑点并向内部扩展，甚至造成穿孔。若坑口直径小于点穴深度，称为点蚀；若坑口直径大于坑的深度，又称坑蚀。实际上，点蚀和坑蚀没有严格的界线。铝和不锈钢在含氯化物的水溶液中发生的腐蚀就是点蚀的典型例子。

②缝隙腐蚀

腐蚀发生在缝隙处或邻近缝隙的区域，这些缝隙是由于同种或异种金属相接触，或是金属与非金属材料相接触而形成的。缝隙处受腐蚀的程度远大于金属表面的其他区域。这种腐蚀通常是由于缝隙中氧的缺乏、缝隙中酸度的变化、缝隙中某种离子的累积而造成的。缝隙腐蚀是一种很普遍的腐蚀现象，几乎所有的金属材料都可能发生缝隙腐蚀。法兰联接面，螺母紧压面，焊接气孔，锈层下以及沉积在金属表面的淤泥、积垢、杂质都会形成缝隙而引发缝隙腐蚀。

③浓差腐蚀

由于靠近电极表面的腐蚀剂浓度的差异而导致电极电位不同所构成的腐蚀电池。差异充气电池就是腐蚀电池的一种。引起腐蚀的推动力是因溶液（或土壤）中某一处与另一处的氧含量不同导致电极电位不同而构成的腐蚀电池。氧浓度低的部位将构成阳极区，腐蚀将加速进行。实际上，缝隙腐蚀与浓差电池的腐蚀机理有雷同之处，但浓差腐蚀电池有更明显的阴极和阴极区。

④电偶腐蚀

当一种不太活泼的金属（阴极）和一种比较活泼的金属（阳极）在同一种环境中接触时，组成电偶并引起电流的流动，从而造成电偶腐蚀。电偶腐蚀也称双金属腐蚀或接触腐蚀。当需要用不同金属彼此接触并在同一导电性溶液中使用时，作为一般性原则，应尽量选择在电位序中相靠近的那些金属。特别应指出的是，面积的影响在电偶腐蚀中极为重要。大阴极和小阳极是最不利的面积比例。铜板上的钢铆钉比钢板上铜铆钉腐蚀要严重得多。

⑤晶间腐蚀

晶间腐蚀是在晶粒或晶体本身未受到明显侵蚀的情况下，发生在金属或合金电晶界处的一种选择性腐蚀。晶间腐蚀会导致强度和延性的剧降，因而造成金属结构的损坏甚至引发事故。晶间腐蚀的原因是在某些条件下晶界非常活泼，如晶界处有杂质，或晶界区某一合金元素增多或减少。锌含量在黄铜的晶界处比较高，或不锈钢在晶界处贫铬时，将引起晶间腐蚀。

⑥应力腐蚀

应力腐蚀是拉应力和特定腐蚀介质共存时引起的腐蚀破裂。此时应力可以是外加应力，也可以是金属内部的残余应力。残余应力可能产生于加工制造时的形变，也可能产生于升温后冷却时降温不均匀，还可能是由内部结构改变引起的体积变化造成的。铆合、螺栓紧固、压入配合、冷缩配合引起的应力也属于残余应力。当金属表面的拉应力等于屈服应力时，肯定会导致应力腐蚀破裂。每种合金体系都有其特定的产生应力腐蚀破裂的环境条件。冷作黄铜在氨中的破裂，钢在碱液中的碱脆破裂，就是应力腐蚀破裂的实例。

⑦选择性腐蚀

也称分金腐蚀或脱合金腐蚀。这种形式的腐蚀是指合金中某一组分由于腐蚀作用而被脱除。黄铜脱锌是选择性腐蚀最典型的例子。黄铜脱锌有两种类型，一种是塞型，一种是普通型。前者的形状像许多被脱锌塞堵住的小孔，后者则是在未受腐蚀的黄铜核心外面环绕着连续的腐蚀层。铸铁有时也会出现选择性腐蚀，铁被选择性浸出，剩下石墨网状体，这种现象也称为石墨化。

⑧磨损腐蚀

磨损腐蚀是金属受到液流或气流（有无固体悬浮物均包括在内）的磨耗与腐蚀共同作用而产生的破坏，包括高速流体冲刷引起的冲击腐蚀，金属间彼此有滑移引起的磨损腐蚀，流体中瞬时形成的气穴在金属表面爆发时导致的空泡腐蚀。

⑨氢腐蚀

由于化学或电化学反应（包括腐蚀反应）所产生的原子态氢扩散到金属内部引起的各种破坏，包括氢鼓泡、氢脆和氢蚀三种形态。氢鼓泡的产生是由于原子态氢扩散到金属内部，并在金属内部的微孔中形成分子氢。因为氢分子不能扩散，所以会在微孔中累积而形成巨大的内压，使金属鼓泡，甚至破裂。氢脆是由于原子氢进入金属内部后，使金属晶格产生高度变形，因而降低了金属的韧性和延性，导致金属脆化。氢蚀则是由原子氢进入金属内部后与金属中的组分或元素反应导致的，例如氢渗入碳钢并与碳钢中的碳反应生成甲烷，使钢的韧性下降，而钢中碳的脱除又导致强度的下降。

（2）根据反应机理，可将金属结构腐蚀分为化学腐蚀和电化学腐蚀

化学腐蚀：是指金属和非电解质直接发生纯化学作用而引起的金属损耗，如金属的高温氧化。

电化学腐蚀：是指金属和电解质发生电化学作用而引起的金属损耗。在电化学腐蚀过程中，同时存在两个相对独立的反应过程——阳极反应和阴极反应，并有电流产生。电化学腐蚀是最普遍的腐蚀现象，在酸、碱、盐的水溶液及海水、河水、湖水、潮湿的土壤中发生的腐蚀均属于这种类型。金属结构的腐蚀大部分为电化学腐蚀。

2）金属构件防腐蚀的基本方法

（1）合理的设计：在构件设计之初就应考虑合理的结构形式及表面状态，尽量减少死角、缝隙、接头的部位，表面状态力求致密、光滑，同时尽量避免异种金属之间的直接连接，杜绝大阴极/小阳极的组合等。

（2）增加腐蚀富裕量：对于一些腐蚀严重而又无法进行有效防护的地方应考虑适当增大构件的设计裕量，达到延长设备使用寿命的目的。

（3）采用耐腐蚀材料：目前随着冶金工业的发展，各类耐腐蚀的材料不断涌现。设备设计选材时，应在考虑经济性的前提下多采用防腐蚀性能较好的材料。同时，在选材时一定要结合设备使用地区的腐蚀环境。

（4）涂层等覆盖层保护：涂层等覆盖层保护，特别是涂料保护是目前金属构件防腐中应用极为广泛的防腐措施。其基本原理是将涂料涂装在结构表面使金属基体与电解质溶液、空气隔离开来，以杜绝产生腐蚀的条件。涂料保护涂层系统的设计应根据金属结构设备的用途、使用年限、所处环境条件和经济等因素综合考虑。设计使用寿命应根据保护对象的使用年限、价值和维修难易程度确定，一般分为短期 5 年以下、中期 5 ~ 10 年和长期 10 ~ 20 年。在涂层系统的设计中应考虑涂料品种选择、涂层配套、涂层厚度、涂装前表面预处理和涂装工艺等。

（5）热喷涂金属保护：金属喷镀防腐是将抗蚀性稳定且比母材更活跃的金属喷镀在母材表面，喷镀完成后，再在其表面进行二度涂料封闭处理。现今常用于喷镀的金属材料有锌和铝。这类防腐手段对钢闸门起双重保护作用：一是起涂料防腐的物理隔绝作用；二是若镀层有缺损，则具有牺牲阳极的阴极保护作用。该方法防腐效果显著，但成本相对较高。

（6）阴极保护：其基本原理是对电解质中金属结构施加阴极电流，使其阴极极化，消除原来的电位差，从而降低腐蚀速度，是一种从根本上防止均匀腐蚀和各种局部腐蚀的措施。阴极保护技术有两种，即牺牲阳极的阴极保护和强制电流（外加电流）阴极保护。

牺牲阳极的阴极保护技术是用一种电位比所要保护的金属还要负的金属或合金与被保护的金属电性连接在一起，依靠电位比较负的金属不断地腐蚀溶解所产生的电流来保护其他金属。其主要优点有：一次投资费用偏低，且在运行过程中基本不需要支付维护费用；保护电流的利用率较高，不会产生过保护；对邻近的金属设施无干扰影响；施工技术简单，平时不需要特殊专业维护管理。

强制电流阴极保护技术是在回路中串入一个直流电源，借助辅助阳极将直流电通向被保护的金属，进而使被保护金属变成阴极，实施保护。其主要优点有：驱动电压高，能够灵活地在较宽的范围内控制阴极保护电流输出量，适用于保护范围较大的设备；在恶劣的腐蚀条件下或高电阻率的环境中也适用；选用不溶性或微溶性辅助阳极时，可进行长期阴极保护，每个辅助阳极床的保护范围大。其缺点是：一次性投资费用偏高，而且运行过程中需常年外供电，系统运行过程中需要严格的专业维护管理。

3）高速水流引起金属腐蚀的特点

水电站大部分设备均在水下工作，且工作时长时间遭受高速水流的冲刷，这对金属构件的防腐蚀提出了更高的要求。高流速引起的金属腐蚀主要有以下几个特点：

（1）高流速引起表面电位变化产生电位差腐蚀。高速流动的水流在经过构件表面时存在构件表面流速与液体流速有差异的情况，这种差异会导致构件表面与流动液体件形成氧融差，从而形成电位差，而电位差是导致金属构件腐蚀的基本要素。

（2）高速水流使得金属表面钝化膜难以形成，增加腐蚀速度。

（3）高速水流使得涂层等覆盖层过早破坏，尤其是采用涂料保护的构件，如果涂料选用或施工工艺存在问题，则在高速水流状态下极易出现腐蚀早期发生的状况。

（4）水流中的杂质包括小直径的悬移质，以及大直径的推移质。这两种物质在高速水流作用下均会对水中的金属构件表面造成损坏，其中高速水流携带悬移质物质产生磨损腐蚀，高速水流带动推移质物质产生冲击破坏。黄河中的水流杂质多以悬移质为主，且由于悬移质含量较高，黄河流域中水利设施的过流部件遭受悬移质磨蚀的情况相当普遍，并且有的地区对设备（特别是转轮）本体存在很大的磨损情况。三峡电厂目前水中的悬移质杂质含量很低，其磨蚀损坏情况不严重，但水中推移质杂质对水下构件的损坏情况较为突出。

（5）高速水流下另一个产生构件损坏的形式就是空泡腐蚀，这种破坏形式是水下过流部件的顽疾，并且无法得到根治，只能在水下构架的结构设计及防护上采取一定的措施来降低其破坏程度。

4）几种高性能防腐涂料

（1）聚氨酯复合树脂砂浆涂层防护技术

聚氨酯复合树脂砂浆涂层主要成分有聚氨酯弹性体材料、环氧树脂、金刚砂等。使用该涂层施工工艺简单，施工条件要求不严格，涂层厚度可根据磨损和气蚀情况而定，涂层除具有高效抗磨性能外还有一定的抗气蚀性能。

早期非金属耐磨涂层主要使用环氧金刚砂技术做抗磨涂层，这种涂层涂装在水轮机无空蚀的磨损区，具有经济实用、施工简单等优点。但其最大的缺点是在水轮机应用中抗空蚀性能差，在高水头的电站及水轮机叶片强空蚀区几乎没有效果。主要原因之一是环氧树脂虽然黏结力强，但其脆性大，本身不抗空蚀，并且剥离强度低，而聚氨酯复合树脂砂浆采用特种氨基材料做固化剂，提高了环氧树脂黏结的剥离强度并降低了其脆性，同时利用聚氨酯材料较强的抗空蚀性，通过将聚氨酯复合到环氧金刚砂上，形成聚氨酯复合树脂砂浆耐磨蚀涂层技术。相比环氧金刚砂耐磨涂层，不但提高了抗磨性，同时还使涂层具有一定的抗空蚀性，在多泥沙河流电站水轮机抗磨蚀应用中解决了许多环氧金刚砂耐磨涂层无法解决的问题。

该涂料体系在三门峡、青铜峡、葛洲坝、大峡、刘家峡、碧口、新疆乌鲁瓦提、新疆玛纳斯、万家寨等水电站均有应用，其中2001年新疆地区红山嘴水电厂使用聚氨酯复合树脂砂浆耐磨涂层技术对该蜗壳和固定导叶进行修复。该蜗壳已运行了三十多年，磨蚀严重、裂纹多、漏水严重，固定导叶磨损变形大，修复后，水轮机蜗壳运行至今未出现漏水现象，涂层对整个水轮机蜗壳保护良好。

基材表面喷砂、打磨

复合树脂砂浆施工

施工效果

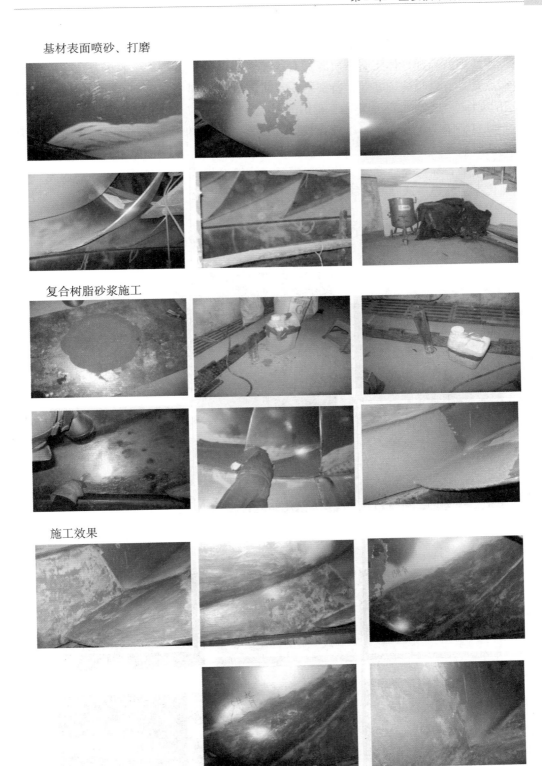

图 7 - 104　改性聚氨酯弹性体涂层防护技术

（2）改性聚氨酯弹性体耐磨涂料

改性聚氨酯弹性体耐磨涂层既具有橡胶的高弹性，也具有塑料的高强度，最显著特点是具有卓越的抗磨性，特别是在水机抗磨蚀应用中，耐磨性一般是不锈钢的10 倍以上，抗空蚀性能是普通不锈钢的 30 倍以上。

该材料施工工艺简单，维修方便，涂层设计厚度约为 2 ~ 6mm，施工方法分为喷涂法、刷涂法、浇注法等。其工艺流程一般包括点焊 0.5mm 厚不锈钢板、工件表面喷砂打磨、涂刷黏结剂、安装涂层模具、浇注改性高弹性聚氨酯、加热固化、完全固化涂层修整、涂抹复合树脂砂浆修边，整体施工较为复杂。

该涂料体系在黄河龙口、三门峡、青铜峡、大峡、刘家峡、万家寨，新疆乌鲁瓦提、红山嘴、玛纳斯，碧口等水电站均有不同程度应用。

焊接不锈钢网后喷砂

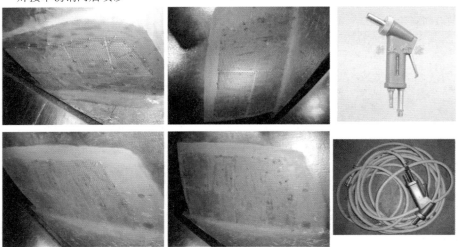

图 7-105　施工过程及工具

聚氨酯复合树脂砂浆施工

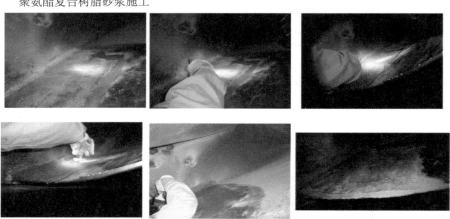

图 7-106　聚氨酯复合砂浆施工过程

改性聚氨酯效果

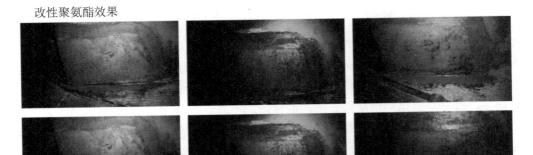

图 7 – 107　改性聚氨酯施工效果

万家寨水电站运行一年后效果

图 7 – 108　万家寨水电站防腐跟踪

5）机组过流部件用几种高性能涂料的比较

表 7 – 22　机组过流部件用几种高性能涂料的比较

	环氧类涂料	弹性聚氨酯	聚氨酯复合树脂砂浆	碳化钨涂层
防腐蚀能力	一般	优	优	优
防气蚀能力	差	优	良	一般
抗撞击能力	一般	良	良	优
涂层结合力	好	好	好	优
涂层厚度	0.3 ~ 0.5mm	0.3 ~ 0.6mm	2 ~ 3mm	40 ~ 3000μm
施工难度	易	易	易	复杂
表面处理	易	易	易	复杂
经济成本	低	一般	一般	高

6）机组过流部件的防腐效果研究

机组过流部件因其运行环境较为复杂，受水流及杂质冲刷、撞击，工况较为恶劣，是防腐维修的重点和难点。就此次考察情况来看，传统意义上的重防腐涂料基本上很难满足现场的要求。黄河水利科学研究院研究的弹性聚氨酯涂料虽能在一定程度上解决机组过流部件的防磨蚀、空蚀情况，但其价格较之一般高性能涂料要高出很多，就三峡机组的情况来看使用的性价比不高。

对于机组过流部件的防腐，应在原设备防腐体系的基础上，结合机组的实际腐蚀情况，对蜗壳、固定导叶、座环等部位在机组 A 修、B 修时统一进行全面处理。对部分小范围锈蚀较严重的部位但又无法进行 A 修、B 修的，可考虑用"底表面处理"、"底面合一"的油漆进行临时处理。

● 同机型防腐对比实验

为了找到更适合三峡机组过流部件的防腐材料，2012—2013 年岁修开始分别对 X2F、4F、6F、11F、10F、12F、14F 机组过流部件进行防腐试验。由于不同机型其过流部件处水流流态有差别，因此在进行防腐情况对比时选择 4F、6F、11F 三台 ALSTOM 机型机组进行对比检查。其中，4F 采用乐泰提供的陶瓷漆，6F 采用中国兵器工业集团第五三研究所提供的 T-5092 环氧耐磨涂料，11F 采用河南东方提供的环氧铁红底漆和环氧耐磨面漆。

表 7 –23　三种防腐材料及工艺简介

防腐材料		A：陶瓷粉末 + 环氧树脂	B：T – 5092 环氧涂料	C：环氧铁红底漆 + 耐磨面漆
防腐工艺	1	固定导叶采用金刚砂喷砂，座环过流面采用角磨机打磨处理	固定导叶采用金刚砂喷砂，座环过流面、顶盖内外侧过流面均采用角磨机打磨处理	固定导叶采用金刚砂喷砂，座环过流面、顶盖内外侧过流面均采用角磨机打磨处理
	2	乐泰 755 清洗剂清洗	艾斯 50 清洗剂清洗	清洗剂清洗
	3	干燥处理	干燥处理	干燥处理
	4	乐泰陶瓷粉末涂刷，漆膜厚度不小于 600μm	五遍 T-5092 刷涂，漆膜厚度不小于 500μm	两遍环氧铁红底漆刷涂 + 三遍环氧耐磨面漆刷涂，漆膜厚度不小于 260μm
施工造价（元/m²）		980	850	500

● 运行一年后效果对比

机组运行一年后，对以上机组进行固定导叶及座环过流面防腐效果复查，检验三种不同防腐工艺的防腐效果。总体来看，三台机组防腐达到预期效果，没有出现特别大面积锈蚀区域，但存在一些点块状的涂层脱落现象。

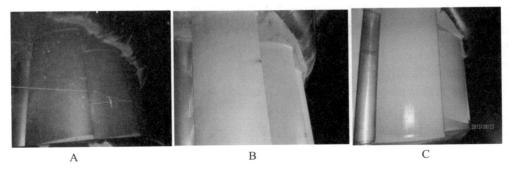

图 7-109　A、B、C 三种机型机组整体防腐效果图

检查情况小结

三台试验机组防腐工艺基本一致，仅从 2013 年岁修期间固定导叶的防腐效果来看，A 与 B 略优于 C。

● 运行两年后效果对比

在过流部件防腐两年后，再次对 A、B、C 三种机型机组进行固定导叶及座环过流面防腐效果复查，跟踪检验三种不同防腐材料的防腐效果及其耐久性。

检查 A、B、C 三种机型机组，锈蚀较上一年度检查均有增加，原锈蚀部位有明显加深现象。C 机组顶盖及底环过流面出现明显锈蚀。

检查情况小结

C 机组运行小时数约为另外 A、B 两台机组的两倍，从现场检查情况来看，C 机组单个固定导叶防腐漆掉落面积最大。

A 与 B 运行时间相差较小，运行时段基本同步（主要集中在汛期），A 有较多部位已出现漆面脱落，而 B 基本为点状锈斑；三台试验机组防腐工艺基本一致，从两年对固定导叶的防腐效果跟踪检查情况来看，B ＞ A ＞ C。

3. 研究结论

我们对机组过流部件金属腐蚀的原理进行了详细分析，并结合现场进行多种防腐涂料的防腐实验。对不同机组采用不同涂料进行防腐，并连续跟踪两年运行后的效果及脱落扩展情况。总体来看，三种材料中，T-5092 环氧耐磨涂料防腐效果最好。

7.15　巨型混流式机组接力器剖分式活塞杆密封运用研究

1. 现象描述

巨型机组的接力器作为调速控制系统的重要设备，其运行情况直接影响到机组的安全运行。随着运行时间和动作频次的增加，机组接力器活塞杆密封出现老化变形，甚至个别出现脱层、裂纹而导致渗油、漏油现象，影响机组运行，污染环境。由于目前活塞杆密封均采用整体整圈结构，因此决定了密封的更换工作周期长、风险大，并且需要进行蜗壳平压或蜗壳排水等隔离措施。为了简化检修工作，降低检修风险，对接力器活塞杆的密封结构采取剖分式结构研究具有较大的实用意义和较高的经济效益。

2. 分析研究

1）接力器结构及接力器密封形式

（1）接力器结构形式

接力器按活塞杆与连板连接形式一般分为两种结构，杆头连接形式和十字头连接形式。

机型一机组接力器为杆头连接形式，杆头与连板通过杆头销连接，杆头内加工有 M300×6 内螺纹与活塞杆连接，杆头重达 1300kg 且形状不规则。

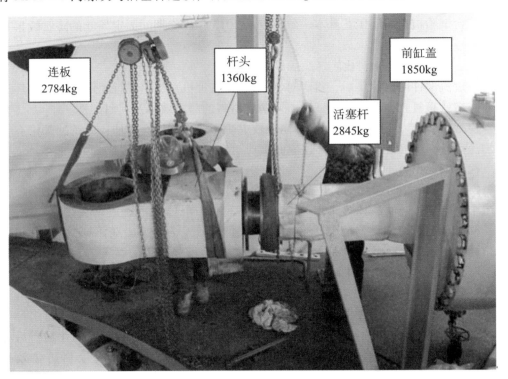

图 7-110　机型一机组接力器结构图

机型二机组接力器为十字头连接形式，十字头本身兼具销钉作用与上下连板连接，十字头穿过活塞杆后通过锁紧螺母与活塞杆连接。

（2）接力器活塞杆密封形式

接力器活塞杆密封也分为两种形式。第一种活塞杆密封为整体式 Y_x 唇形密封圈，安装在接力器缸盖的开式沟槽内，槽外设计有压盖。

第二种整体式 V 形组合密封，安装在接力器缸盖的开式沟槽内，槽外设计有压盖。

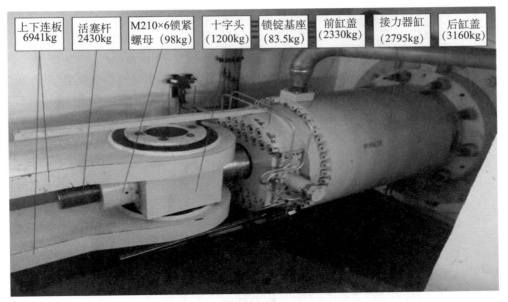

图 7 − 111　机型二机组接力器结构图

上下连板 6941kg | 活塞杆 2430kg | M210×6锁紧螺母（98kg） | 十字头（1200kg） | 锁锭基座（83.5kg） | 前缸盖（2330kg） | 接力器缸（2795kg） | 后缸盖（3160kg）

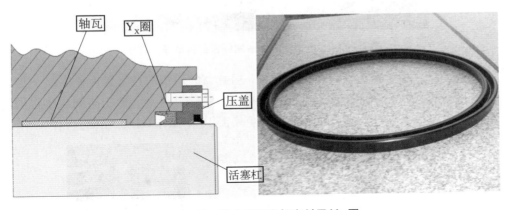

轴瓦　Y_x圈　压盖　活塞杠

图 7 − 112　接力器活塞杆密封用 Y_x 圈

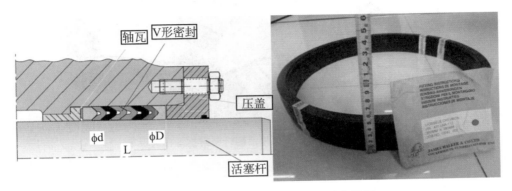

轴瓦　V形密封　压盖　ϕd　ϕD　L　活塞杆

图 7 − 113　第二种活塞杆密封用 V 形密封组

2）未采用剖分式密封更换接力器活塞杆密封存在的问题

由于机组接力器活塞杆密封的结构，导致其更换时存在检修工期长、检修安全措施较大等诸多问题。

对机型一，拆卸/回装接力器杆头是最重要也是最困难的步骤，由于杆头笨重且为不规则形状，在拆卸/回装过程中，杆头与活塞杆极易产生偏心，稍有不当就会造成杆头与推拉杆螺纹的损伤，甚至可能发生杆头与推拉杆螺纹粘扣事故。

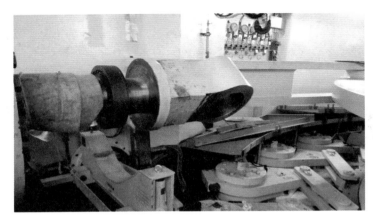

图 7 - 114   机型一更换活塞杆密封拆卸杆头现场

对机型二，由于密封安装在接力器前、后缸盖的沟槽内且密封为整体式 V 形密封组，因此更换时必须拆卸上下连板、十字头、锁锭基座等，施工空间狭小也限制了施工人数及施工条件，整台机组的密封更换需 10 个工作日。

图 7 - 115   机型二更换活塞杆密封拆卸杆头现场

在一次更换机型一接力器活塞杆密封时，接力器杆头与活塞杆连接螺纹出现粘扣杆头与接力器推拉杆已完全咬合卡死，无法进行拆卸也无法旋入，最终不得不破坏性拆除杆头，并紧急加工杆头备件进行更换，直接影响了机组的检修工期。

　　为了简化检修工艺，降低接力器活塞杆密封更换的工作量以及更换带来的检修风险，探索接力器活塞杆密封剖分式结构形式就具有较高的研究价值。

　　3）研究实验方案

　　针对当前接力器活塞杆的结构及其带来的更换风险，研究主要方向为：优化改进密封的材质，并采取减少更换工作量的剖分式结构。为了达到研究实际效果，主要采取了两种材质和不同方案进行设计，并在现场运行的机组上进行安装实验，检查密封的使用效果。

　　设计方案主要采用将密封 Y_x 圈结构更换为 V 形结构，并将密封材质由氟橡胶更换为聚醚聚氨酯材质，以满足剖分密封的要求。

　　聚醚聚氨酯材质特点：

　　（1）专利钢化工艺生产的高效复合物；

　　（2）65℃热水中使用无水解现象；

　　（3）具有长久的形状记忆性和耐磨性；

　　（4）比 NBR 摩擦系数降低了 7/8，可良好保护设备，减少磨损。

　　聚醚聚氨酯材质技术参数：

　　（1）温度：−50～85℃；

　　（2）硬度：95Shore A；

　　（3）材料压力等级：≤630kg/cm^2；

　　（4）线速度：≤3m/s；

　　（5）摩擦系数：0.18，为 NBR 的 12%；

　　（6）适用介质：水、油或油水混合物；

　　（7）不适用介质：抗燃聚酯或 50% 以上乙二醇。

　　● 设计方案一

　　V 形组合密封由支撑环 2 个 V 形密封圈、压环组成。V 形组合封在剖分形式下，由于有 2～3 个 V 形密封唇口进行密封，同时有压环及支撑环的加强作用，密封性能增强。安装时，需将 V 形组合封各剖分口错开安装，以便有效阻挡剖分口处产生的泄漏。

单唇口密封　　　　　　　　　　　　　　　V 形组合密封

图 7−116　单唇口液压密封改为 V 形组合密封

● 设计方案二

在不改变原有密封沟槽结构及尺寸的情况下，更换密封结构为 V 形组合密封，其由支撑环、3 或 4 个 V 形密封圈、压环组成。该产品加工完成后，切斜口；安装时，拆开压盖即可安装密封，密封采用一件一件逐步安装，压环无需粘接，V 形圈和支撑环采用专用工具粘接。

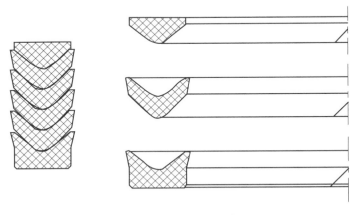

图 7 - 117   密封结构简图

4）试验过程及结果分析

（1）安装过程

为了检验研究结论，分别按照方案一和方案二进行生产 2 中结构的剖分式密封，并同时安装在同一机组不同接力器上检验运行效果。

其中方案一的密封为 1（支撑环）+2（V 形密封圈）+1（压环）组合形式，安装机型一机组 2#接力器后端盖；方案二的密封为 1（支撑环）+3（V 形密封圈）+1（压环）组合形式，安装在机型一机组 1#接力器后端盖。

图 7 - 118   方案一试验样品

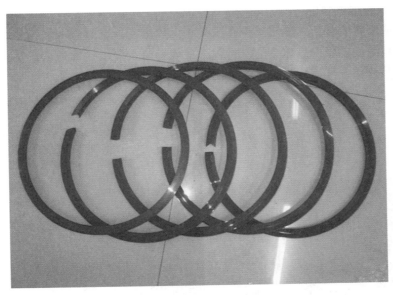

图 7 – 119　方案二试验样品

在安装过程中，两家生产的试验样品尺寸正确。V 形组合密封中的支撑环、V 形密封圈、压环各错 90°进行安装。为了在安装过程中保持 V 形组合密封的圆度，两种试验样品的切口均用了 406 瞬干胶进行粘接。

图 7 – 120　安装两种试验样品现场

剖分式密封的研究对接力器密封的检修意义重大。从安装过程来看，整个密封更换过程简单、快捷、无技术障碍。从原有密封的拆卸到一个试验样品的安装完成总共耗时 8 小时，比原有检修时间缩短了近 90%。

（2）试验结果分析

在完成密封安装后，按照逐步升压检查，均未出现密封渗漏情况，操作导叶开关也未发现漏油现象，总体更换密封后满足现场运行要求。通过密封更换后近两年的跟踪效果评估，其运行稳定，密封效果可靠，达到了预期目标。

图 7 –121　方案一密封安装后检查效果

图 7 –122　方案二密封安装后检查效果

3. 研究结论

通过对接力器活塞杆密封采取剖分式研究，从密封的材质、结构及针对当前密封槽结构采取的方案来看，实施效果明显。从现场机组安装试验过程来看，使用的两种剖分式密封均能满足当前的设备工况要求，并且连续跟踪两年运行，未出现密封破损渗油情况。由于对密封的结构进行了改进，采取了适合安装现场的剖分结构，大大减少了密封更换的工期，降低了更换密封带来的拆卸接力器组件风险，可在大型机组的接力器安装和维护中进行推广使用。

7.16　机组风洞油雾治理研究

1. 现象描述

某机型机组自投产以来，风洞内部的油雾较严重，特别是下风洞的地面及下机架支臂、定子线棒及纯水冷却管等部位，在机组长时间运行后形成了较多积油，对机组的相关电气及机械设备造成了污染，影响了机组的环境卫生，最重要的是给机组的安全稳定运行带来了隐患。过多的外溢油雾在机组运行过程中，随着机组的冷却风循环系统到达了机组的各个部位，如定子线棒、空冷器的散热片等，与夹杂在空气中的杂质混合后凝结在设备上，影响机组的散热及电气设备的绝缘。

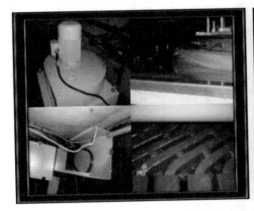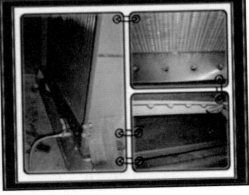

图 7-123　风洞现场油污情况

此外，油雾对机组的污染不仅使机组运行成本提高、增大维护时的劳动强度，更主要的是会加速绝缘层的老化，导致机组频繁出现接地报警，影响散热器的效率，导致机组核心部件转子、定子的工作环境恶化。

2. 分析研究

为彻底了解和针对性整治风洞内部油雾过于严重的问题，避免因油雾问题引起设备隐患和设备寿命的缩短，力保机组的安全稳定运行，决定对机组下风洞内部推导油雾进行全面研究及处理。

1）油雾治理研究过程及方法

机组在运行中，油槽内油雾的产生是必然的，这与温度、压力、油流、导轴承润滑方式及油槽内的动静设备碰撞产生膨化飞溅等现象有关。结合东电机组及对现场进行勘察分析后，对东电机推导轴承产生油雾的原因分析如下：

（1）发电机下风洞内的用油设备，如推导油槽外循环冷却系统及其管路、阀门，高压油减载系统管路及其阀门，及油槽本体存在一定漏点。

（2）原有油雾吸收口的位置设置存在一定的弊端，油雾吸收口的位置设置在与推导油槽接触式密封盖板的垂直方向，导致过多的大油滴被吸出；另外，旧油雾吸收装置本体容纳和收集油雾的效果不佳。

（3）推力瓦及下导瓦的 RTD 从油槽内部的引出线部分存在一定的漏点。

（4）现有的接触式密封盖，在机组的运行过程中密封油雾的能力存在一定的不确定性。经对实验机组接触式密封盖板检查，发现密封齿有发卡的现象，这种情况会导致机组在运行过程中，密封齿随机组大轴的随动性变差，导致密封齿与大轴间的间隙增大，加重油雾的溢出；检查同类型机组发现，接触式密封盖板与油槽的把合面也存在漏油现象。

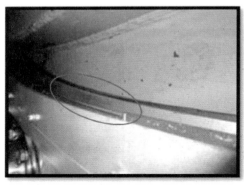

发卡的旧接触式密封　　　　　　　　　　　旧密封齿之间对接

图 7−124　渗漏检查情况

（5）机组的密闭双循环冷却风路对油雾外溢的影响。密闭双循环的冷却风必然在转子中心体附近形成负压区，这个负压区正好处在推导轴承的正上方，加剧了推导油槽的油雾外溢。

（6）原有的油雾吸收装置——油雾吸收口的安装位置不合理，油雾吸收本体也存在一定的漏点，有增大油雾的可能性。

2）整治过程

为解决机组油雾过于严重的问题，我们有针对性地分析了机组存在的一些具体

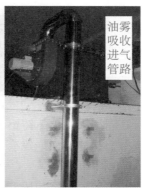
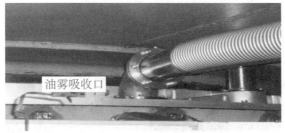

图 7 -125　油雾渗漏点位置

问题、产生油雾的原因，以及对机组推导油雾吸收装置优化与改进进行了深入探讨，研究讨论并编写了具体方案，于 2014 年 5 月对项目进行了研究并具体实施。具体的细节及过程如下：

（1）推导轴承油槽盖部分

①采用复合过滤式随动密封油挡，上下设有两层随动分瓣密封体，上层为自润滑碳素材料，该密封体具有耐高温、自润滑性强等特点；下层采用复合密封体；随动前进量 3mm（单边随动量 1.5mm），后退量 4.0mm。

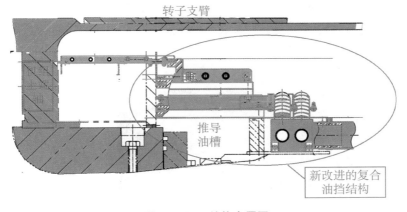

图 7 -126　结构布置图

147

表7-24　部件表

1	油挡上座圈	5	下座圈密封体	9	绝缘法兰
2	分瓣防风挡油环	6	内挡油环	10	Φ50 主吸油雾管道
3	上座圈密封体	7	油挡下座圈	11	吸油雾管分风箱
4	内分风环	8	过滤体	12	Φ100 主吸油雾管道

②推力油挡上下座圈均采用102 铸铝，共分12 瓣，采用绝缘方式阻断轴电流。

③为阻断轴电流把合螺栓增加绝缘套，座圈下设分瓣绝缘法兰垫，定位销钉采用绝缘销钉。

④分瓣防风挡油环主要解决冷却风对动静密封处油雾的影响，同时也避免摩擦副内部的漏油外甩；同时在分瓣防风挡油环上设有两个带有密封盖的塞尺检测孔，用于检测摆度传感器安装距离。

⑤新旧推导油槽盖板侧面对比，见图7-127。

旧盖板侧面图示　　　　　　　　　　　新盖板侧面图示

图7-127　新旧推导油槽盖板侧面对比

（2）油雾净化机部分

① 3 台 JHBP-600 型油雾净化机布置在机组推力支架附近；主吸油雾管道为 Φ100mm 的透明塑料弹簧软管；在推力密封盖外侧均匀分布 12 个 Φ50mm 的吸油雾口，通过 12 根 Φ50mm 透明塑料软管与主吸油雾管道连通至油雾净化机。

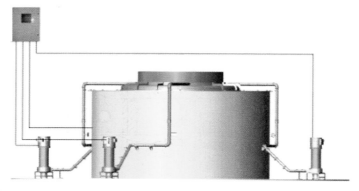

图7-128　油雾净化机净化原理图

②3 台油雾净化机由一台主控制箱集中控制，安装在风洞外围的墙壁上。

控制柜　　　　　　　　　　　　　油雾净化机

图 7 - 129　油雾净化机及控制柜

③净化机采用变频技术调整风量，启动及停止信号为节点信号（参考常开），机组运行前启动油雾净化机，机组停机后延时停止净化机工作。

④选用 3 台高效油雾净化机对即将外溢的油雾进行捕捉，油雾净化机采用多单元净化方式，被捕捉的油雾形成液态油后自动排回油槽。

⑤油雾净化机采用集中控制，由用户提供启停开关控制节点信号，油雾净化机采用多级净化技术。

（3）为油雾改善所做的改进研究

①在挡油筒下端设有下挡风板，采用点焊方式进行固定。

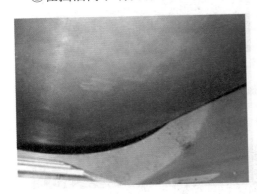

图　示　　　　　　　　　　　　安装后实际效果

图 7 - 130　挡油筒下端的挡风板

②在推力油槽下面的 8 个大轴观察孔采用密封门方式进行封堵，在大轴观察门上设有风量调整板，用来调整推力油槽上平衡孔的进气量。

密封门安装后实际效果

图 7 – 131 处理进气孔

③鉴于原来的 L 形挡油板未起到挡油的作用，反而增加了油雾的膨化，因此取消了安装。

改前   改后

图 7 – 132 L 形挡油板处理

④为解决内挡油筒处的油爬现象，将 U 形环槽内部的 8 个丝堵进行密封处理。

处理前   处理后

图 7 – 133 处理前后内挡油筒积油情况

（4）新盖板采用的新技术优势

①分瓣密封体在把合处采用防折断技术，齿与齿之间属于搭接式接触，防止了拆装过程中对榫舌损坏而导致的漏油。

原来

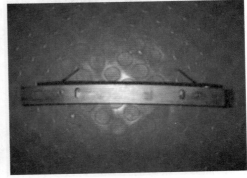
现在

图 7 - 134　油槽密封齿换型

②为了阻断分瓣密封体与导槽之间的油路通路采用轴向压力器技术。

③为了提高分瓣密封体的追随性采用滚动定位技术。

④合理分布吸油雾口，对油挡进行合理化设计及根据油槽盖板空间尺寸增加密封层数，削弱冷却风所形成的负压对油雾外溢的影响。

⑤新的推导油槽盖板取消了呼吸器的设置。

原推导油槽盖板

现推导油槽盖板

图 7 - 135　油槽呼吸器取消

⑥从机组结构特点、冷却风形成的负压来考虑，油槽盖的座圈采用复合式结构，即在现有机组允许的空间内增强了抗冷却风形成负压的能力。

原盖板未覆盖U形槽　　　　　　　　　　　　现在将U形槽全部覆盖

图7-136　U形槽加装盖板

⑦油雾吸收口的位置进行改变，从垂直油槽盖的上方改到了侧面。

 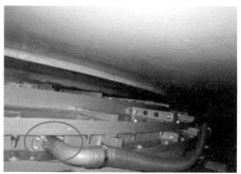

原来的吸油雾口位置　　　　　　　　　　　　现在的吸油雾口位置

图7-137　改变油雾吸收口位置

3）项目实施后的检查跟踪

在新的设备安装投运后，为检验其实际运行效果，我们规定定期对实验研究的机组推导油雾吸收装置的运行情况及风洞内部的油雾发展情况，进行仔细检查并做好相关记录工作。

首先，在风洞内部的主设备上做好8个记录点，定期对这些记录点进行拍照，记录这些部位的油雾聚集状态和发展情况。如若机组处于运行状态，则对可以拍照记录的点进行拍照记录。同时对风洞内部其他部位进行尽可能的检查，看是否有异常状况出现。

其次，在机组运行过程中，我们对同类型的其他东电机组风洞内部油雾情况也进行了检查，并做了一些对比参照。借此对研究实验机组的油雾发展情况有一个理性的判定。

4）成效分析

新的油雾净化机及推导油槽盖板安装投运后，对机组风洞内部的油雾发展情况进行了跟踪观察，并与其他同类型的机组进行了对比。可以得出如下信息：

（1）与安装新的油雾净化机及推导油槽盖板前进行对比，可以看出油雾有明显好转的迹象，推导油槽上端面、空冷器散热片、下风洞地面、下机架支臂、推导外循环冷却器等设备表面都较以前的油雾情况有较好的改善。

（2）与同类型的其他机组进行横向对比。在检查实验机组油雾情况的同时，我们对同类型的其他机组也进行了检查，无论是上风洞还是下风洞，实验机组的油雾明显比其他机组少，尤其是空冷器部分比较明显。

（3）从新安装的油雾净化机及推导油槽盖板投运到运行 4 个月后，从这段运行时间内实验机组上下风洞内部的油雾发展情况看，未发现明显的油雾扩大迹象，在上风洞空冷器附近也未发现有新油雾产生，整体情况良好。

（4）检查发现在下风洞地面，推导外循环装置管路下方有少量积油出现，推测可能是管路部分存在漏点所致。

3. 研究结论

我们分析了机组风洞油雾的来源及产生的原因，并进行了充分讨论和分析，找出了有针对性的改进措施，包括对渗漏点的消除，主要工作是对推导油槽的油雾吸收装置及油槽盖板密封结构进行优化改进。经过近三年的试运行检验，可以看出新的推导油槽盖板及油雾净化机在油雾治理方面，比起优化改进之前的油雾情况有较为明显的改善。但在我们对油雾治理研究的过程中，同样也存在一些未能涉及的地方，要想彻底全面地治理好机组油雾情况，除了我们当前进行的改进优化手段外，主机厂家以及设计院在进行油槽设计时也需要考虑油槽本体的结构，尽量采取避免产生油雾的结构，从本质上消除油雾的产生，同时辅以油雾吸收装置的除油雾效果，这样，今后巨型电站机组风洞油雾的情况将有质的变化。

7.17　发电机定子挡风板研究

1. 现象描述

目前巨型水轮发电机组发电机冷却方式分为全空冷却、半水冷却及蒸发冷却三种方式，三种冷却方式都要求冷却系统总风量达到相关要求。而定子挡风板的作用为，一是保证发电机冷却系统需要的总风量达到要求，降低通风损耗；二是使空气流动形成特定的回路，提高冷却效率，使定子线棒和铁芯的温度及温差在规定范围之内。

目前，某电站发电机定子挡风板共有五种类型，每种类型挡风板的结构形式、安装方式、材质均不相同。机组投运以来，发现部分机型挡风板出现裂纹、螺栓断裂等问题，严重威胁机组的安全稳定运行。为彻底解决挡风板缺陷带来的安全隐患，对各类挡风板的使用情况、材质、安装方式等方面进行了全面分析，并提出了解决问题的建议及措施。

2. 分析研究

1）挡风板结构介绍

（1）A 型机组定子挡风板

定子上挡风板由横板和立板组成（见图 7－138 左图），材质为钢板（δ = 6mm）。立板由 20 块大立板和 20 块小立板组成（见图 7－138 右图）；与立板相对应，横板由 20 块大横板和 20 块小横板组成。

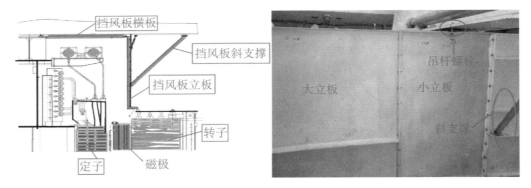

图 7－138　A 型机组定子上挡风板结构及实物图

横板通过螺栓与定子基座及立板连接，立板之间通过组合缝螺栓连接；挡风板重量主要通过吊杆螺栓传递至上机架支臂。斜支撑与上机架支臂及立板连接，其作用是保证立板的稳定性。

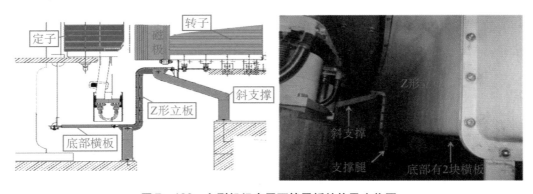

图 7－139　A 型机组定子下挡风板结构及实物图

定子下挡风板由 Z 形立板和底部横板组成（见图 7－139 左图和右图），其材质分别为玻璃纤维板和钢板。Z 形立板由组合缝螺栓相互连接，底部横板通过螺栓与立板和定子基座相连；挡风板重量主要由支撑腿和斜支撑传递至混凝土基础。定子下挡风板具有重量小、拆卸方便及安全可靠等特点，能满足安全运行的需要。

（2）B 型机组定子挡风板

上挡风板由 48 块玻璃纤维板组成，通过吊杆和压盖螺栓固定（见图 7 - 140 左图和右图）。挡风板之间通过组合缝螺栓连接，其重量由吊杆和环形工字钢支撑。吊杆与工字钢通过螺栓连接，工字钢与上机架支臂通过螺栓连接；环形工字钢与拉杆焊接连接，拉杆与上机架支臂焊接连接。

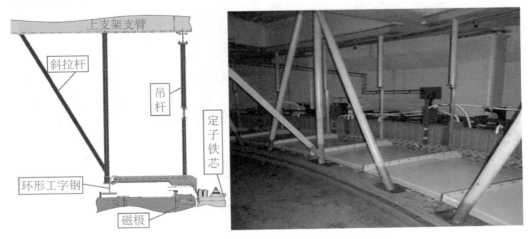

图 7 - 140　B 型机组定子上挡风板结构及实物图

下挡风板材质及安装方式与上挡风板基本相同（见图 7 - 141 左图和右图），区别仅在于下挡板支撑杆与混凝土基础连接。

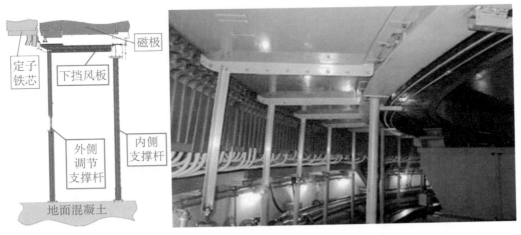

图 7 - 141　B 型机组定子下挡风板结构及实物图

（3）C 型机组挡风板

C 型机组挡风板材质为环氧酚醛层压玻璃布板（3240），玻璃布板厚 6mm。上下挡风板共三种类型，每种类型的结构形式、安装部位均不相同。1#挡风板通过螺栓固定于磁极铁芯上，2#挡风板固定于极间固定块拉杆上，3#挡风板通过螺栓固定在上下磁轭压板上（见图 7 – 142 左图和右图）。根据现场的检查情况，及对挡风板材质和固定方式等的分析，该类型挡风板能满足安全运行的要求。

 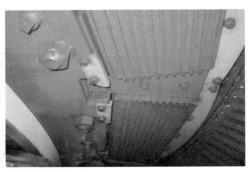

上挡风板实物图　　　　　　　　　　　　下挡风板实物图

图 7 – 142　C 型机组定子上下挡风板结构及实物图

（4）D 型机组挡风板

定子上下挡风板由 M8×40 螺栓固定在铁芯上下齿压板上，转子挡风通过螺栓固定于磁极铁芯上。

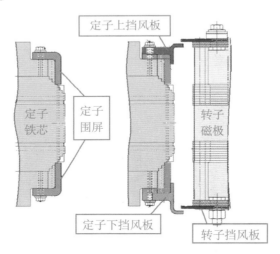

图 7 – 143　D 型机组挡风板结构图

定子挡风板材质为 La – HM34 层压玻璃毡板，根据不同的结构形式，挡风板分为三种类型，编号分别为 201、202、203（见图 7 – 143）。

转子挡风板材质为铝合金板，固定在磁极铁芯拉紧螺杆上，由于铝合金板强度较高且具有可靠的固定方式，因此转子挡风板能满足安全运行的要求。

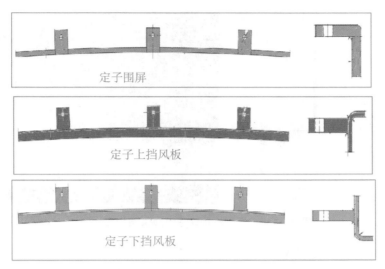

图 7 -144　定子挡风板结构图

图 7 -145　转子挡风板实物图

（5）E 型机组挡风板

E 型机组为全空冷机组，上挡风板由 L 形立面挡风板、环形挡风板及挡风圈组成，其材质分别为不锈钢板、玻璃钢及橡胶。定子下挡风板仅由挡风圈组成，挡风圈材质为橡胶。

L 形立面挡风板通过螺栓与上机架支臂连接；环形挡风板由螺栓固定于槽钢上，槽钢与上机架支臂通过螺栓连接。挡风圈通过环氧带和定子围屏固定于定子线棒上，其优点是安全可靠，缺点是橡胶老化后更换不方便。

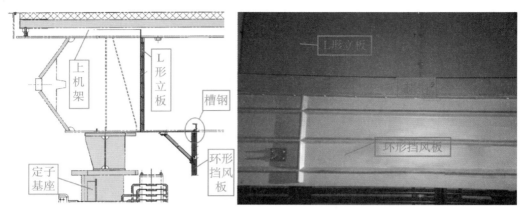

图 7-146 E 型机组定子挡风板结构实物图

转子挡风板材质为不锈钢板，固定在磁轭拉紧螺杆和磁极铁芯拉紧螺杆上，挡风板随转子一起转动。该类型挡风板安全可靠，能满足运行要求。

转子下挡风板实物图   转子上挡风板实物图

图 7-147 E 型机组转子挡风板实物图

2）存在问题

（1）B 型机组上挡风板

上挡风板为全封闭结构，其优点主要有两个方面：一是全封闭结构可对磁极、定子线棒、冷却水管起到一定的保护作用；二是全封闭式的挡风板能最大程度地减小漏风量，提高线棒和铁芯的冷却效果。

由于挡风板材质为钢结构，重量大且连接螺栓较多，曾发生挡风板吊杆螺栓及合缝螺栓断裂事故，严重威胁机组的稳定运行。吊杆螺栓断裂主要由安装不当造成，安装过程中由于吊杆螺栓和螺孔错位，造成吊杆螺栓倾斜安装并受一定的切向力，加上机组存在一定的振动引起螺栓断裂；由于吊杆螺栓断裂，挡风板受自重的影响，可能引起组合缝螺栓断裂。

为增加吊杆螺栓的稳定性，可在上机架支臂之间加装槽钢（见图 7-148），进而增加吊杆螺栓数量。增加槽钢后，吊杆螺栓数量由原来的每台机组 20 颗增加为 80 颗，较大程度地提高了螺栓的安全系数。

图 7-148　挡风板加装槽钢实物图

目前，已完成此机型机组上挡风板加固。多次检查挡风板加固后的运行情况，其连接部位及螺栓状况良好，未发现问题。

（2）D 型机组挡风板

检修期间发现某 D 型机组定子上端挡风板螺栓孔部位存在裂纹（见图 7-149），为能及时发现同类型机组定子挡风板是否存在类似缺陷，对该类型挡风板进行全面检查。检查发现大部分定子上挡风板螺栓孔部位存在裂纹，说明该类型挡风板存在设计或制造的缺陷。

 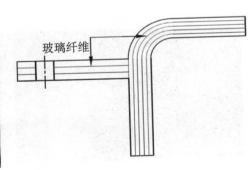

玻璃纤维

图 7-149　螺栓孔部位裂纹实物图及结构图

定子上下挡风板材质为 HM34 层压毡板，其特点是具有优越的机械性能。针对挡风板耳部出现断裂的情况，经与厂家共同分析得出结论，耳部断裂的主要原因是由制造工艺引起的。

挡风板的制造工艺是模压成型，而挡风板耳部模压补强材料填充量不足；从耳部断裂部位观察，耳部并无填充良好的玻璃毡补强材料，而只有少量玻璃纤维。因此，挡风板耳部强度较差，导致安装或使用后出现断裂。

为解决此问题，我们研究决定采用 EPGC 材料加工挡风板。

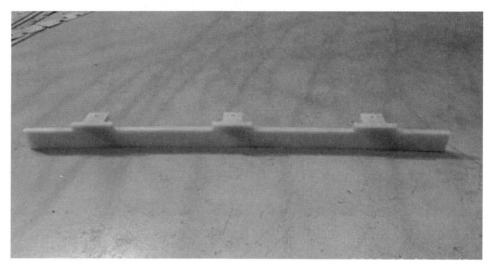

图 7 - 150　层压布板 EPGC 挡风板实物图

根据使用经验，层压布板加工成型的工件存在层间开裂的风险。对于层压成型的挡风板，特别是耳部受固定螺栓紧固后集中应力的作用，长期使用，耳部存在分层开裂的风险。因此，该类型挡风板仍存在一定的安全隐患。

（3）C 型机组挡风板

检修期间发现，某 C 型机组定子上下挡风板两侧结合面倒角处出现裂纹，见图7 - 151。

图 7 - 151　东电机组挡风板裂纹缺陷实物图

为确定裂纹深度及对挡风板的影响，选取裂纹较为明显的挡风板进行破坏性检查。从解剖的情况来看，裂纹仅在倒角涂胶部位产生，且最大深度为涂胶厚度，对挡风板强度起决定性作用的玻璃纤维层并没有产生裂纹。

挡风板裂纹实物图

裂纹深度实物图

图 7 - 152　C 型机组定子挡风板裂纹

为进一步检查各部位裂纹情况，对挡风板进行了切割，可看出，裂纹仅存在于挡风板表面且深度较浅，对挡风板的强度和使用不构成影响。

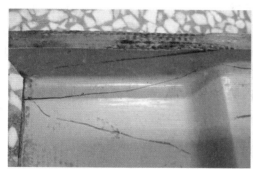
挡风板裂纹实物图

裂纹断面实物图

图 7 - 153　裂纹检查情况

3）改进建议及措施

（1）B 型机组定子上挡风板

上挡风板加装槽钢的措施，在一定程度上增加了挡风板的安全系数，但相应也增加了连接螺栓数量及安装拆卸强度，不利于机组维护及检修。建议主要从挡风板材质和连接方式等方面优化及改进，在保证挡风板强度和连接要求的前提下，尽可能选用重量轻的材质，具体改造方案如下。

方案一：不改变连接方式，改变大挡风板材质

不改变原连接方式及挡风板尺寸，把上挡风板的大横板和大立板材质改为玻璃钢，加工为一个整体；保留小挡风板原设计钢结构（见图 7 - 154）。

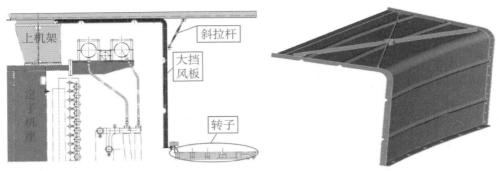

图 7 - 154(a) 大挡风板结构图   图 7 - 154(b)   大挡风板模型图

改造后具有以下特点：

①材料结构有成熟经验，可靠性提高，重量降低。

②结合玻璃和钢材各自的优点，玻璃钢挡风板与钢制挡风板间隔连接，螺栓固定可靠，不易脱落，玻璃钢也不易在连接部位破损。同时保留支架固定结构加强刚度。

方案二：改变挡风板材质及连接方式

结合现场的实际情况，大挡风板加工为一个整体不便于拆卸及安装，因此考虑保留原分块结构形式及挡风板尺寸，挡风板材质全部改为玻璃钢，为保证玻璃钢的可靠性及连接强度，改变原连接方式。具体方法为，在上机架支臂上加装永久性环形工字钢，工字钢通过 4 颗螺栓与上机架支臂连接；横板通过压盖螺栓固定在定子基座及环形工字钢上，立板通过螺栓固定在环形工字钢上。

保留原立板斜支撑结构，另在挡风板内侧（靠近定子机座方向）加装支撑杆，支撑杆与纯水管支架及挡风板连接，以保证立板稳定性。

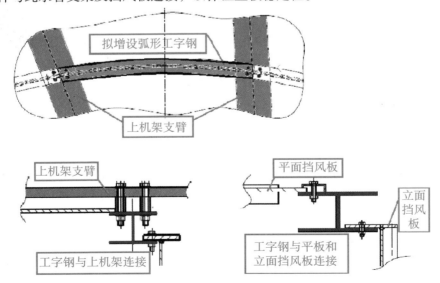

图 7 - 155 挡风板装配图

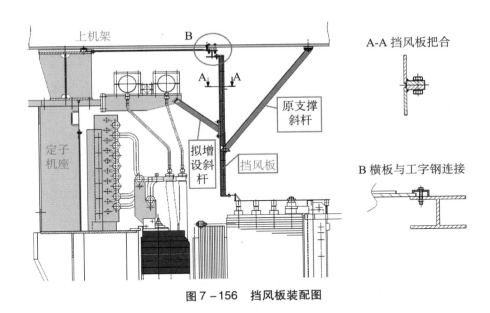

图 7 – 156　挡风板装配图

（2）D 型机组定子挡风板

● 各类型材料对比

复合材料 HM49，由玻璃纤维与不饱和树脂模压成型，其主要性能参数如表 7 – 25：

表 7 – 25　HM49 性能参数表

代码	项目	单位	标准值	试验方法
01100	复合材料，玻璃毡质量	%	< 80	ISO1172
13150	拉伸剪切强度	N/cm^2	> 10	ISO4587
12100	弯曲强度 23℃ 130℃	MPa	> 40 > 20	ISO178
01120	密度	g/cm^3	1.7 ~ 2.1	ISO1183

HM49 材料的流动性适合制造此类形状的模压件，但强度远低于原装挡风板 HM34。为避免再次发生耳部损坏问题，须综合考虑机械性能、制造工艺性、分层开裂等风险。最终，通过比较分析，决定采用新型模压材料 SMC 作为最新备品材料，其主要性能如下：

SMC 复合材料主要技术和性能指标

材料信息：成型方式　压制成型　模压温度 135 ~ 160℃

固化时间　40 ~ 60s/mm　最小模压力 100kg/cm^2

保存期限　两个月（25℃以下）

化学特性：耐酸和有机溶剂优，耐碱一般。

表 7 - 26 我国各大型混流机组运行安装情况

试验项目		单位	试验方法	指标值
密度		g/cm³	GB1033	1.7 ~ 1.9
吸水率		%	JB3961	≤0.15
收缩率		%	JB3961	0.05 ~ 0.3
拉伸强度		MPa	ISO527	≥75
冲击强度		kJ/mm²	GB1043	≥65
弯曲强度		MPa	JB3961	≥180
绝缘电阻	常态	Ω	GB10064	GB10064≥1.0×10¹³
	浸水24h			≥1.0×10¹²
电气强度		kV/mm	GB1048	≥12
耐电弧		S	GB1411	≥180
耐漏电起痕指数		/	GB4207	≥600
燃烧性		/	UL94	V-0
热变形温度		℃	JB3961	≥220

SMC 强度比 HM34 略低，但远高于 HM49，不会分层开裂，由于具有较好的流动性，耳部不会因为补强材料填充不充分而特别脆弱，适合用模具压制成品。

表 7 - 27 三种挡风板材料主要性能参数对比

项目	HM34（原装）	HM49	SMC
密度	1.7 ~ 2.1	1.7 ~ 2.1	1.7 ~ 1.9
拉伸强度（MPa）	220	0.1	75
弯曲强度（MPa）	250	40	180
冲击强度（kJ/cm²）	平行 100 ~ 200　垂直 400	—	65
加工方法	板材加工/模压	模压	模压

• SMC 挡风板破坏性试验

①分别对 201、202 和 203 定子挡风板用 M8 螺栓固定后，施加 16N·m 力矩后，检查挡风板安装螺栓孔处及其耳部上表面，未发现裂纹及脱层现象；拆除后检查下表面未见异常。

②分别对 201、202 和 203 定子挡风板用 M8 螺栓固定后，施加 30N·m 力矩后，检查挡风板安装螺栓孔处及其耳部上表面，未发现裂纹及脱层现象；拆除后检查下表面未见异常。

③分别对 201、202 和 203 定子挡风板用 M12 螺栓固定后，施加 110N·m 力矩后，检查挡风板安装螺栓孔处及其耳部上表面，未发现裂纹及脱层现象；拆除后检查下表面未见异常。

④反复使用 24 磅大锤敲击 201、202 和 203 定子挡风板耳部，检查其耳部短纤维填料情况（如图 7 - 157 所示）。

- SMC 产品质量检验报告

产品质量检验报告

Q/DZJ82.17A

产品名称：挡风板

产品型号：HCRO50400MKB15

编号：2016.1.1

产品批号：2016－1－1

试验目的：型式试验

序号	指标名称	单位	测试条件	指标值	检测结果
1	密度	g/cm³	常态	1.75~1.9	1.85
2	弯曲强度	MPa	常态	≥200	220
3	无缺口冲击	kJ/m²	常态	≥66	124
4	缺口冲击平行层向	Ft 1bf/m²	常态	≥15	32
5	拉伸强度	MPa		≥85	90
6	压缩强度	MPa	常态	≥185	210
7	弹性模量	MPa		12500	12600
8	电气强度	kV/mm	90±2℃变压器油中	≥12	13.2
9	浸水24h电阻	Ω	/	≥10¹²	10¹³
10	介电常数	≈		4.5	4.41
11	漏电起源指数	PTI		≥600	≥600
12	耐电弧	stufe		≥180	183
13	温度指数	℃		160	164
14	燃烧性和毒性指数			M2 F1	IO F0
15	氧指数	%		≥35	36
16	绝缘等级			F	F
17	4mm 吸水性	mg		≤20	≤70

结论：
　　该批样品经检验符合指标要求，根据沟通结果，判定为合格。

检验员：杨莎莎　　　　审核：　　　　　检验日期：2015 年 12 月 31 日

　　根据现场安装情况，新制成的挡风板螺栓孔宜为腰圆孔，以便于现场安装调节位置；如选用 SMC 材质，应满足不改变原有零件尺寸的条件下，达到使用的强度。零件模压成品后，进行相应条件的安装及检测试验。

　　（3）A&C 型机组定子挡风板

　　原装挡风板能满足使用的要求，建议不更改挡风板的结构及材质。针对挡风板结合面倒角处出现裂纹的情况，可采取以下措施进行处理。

　　①采购备品时，要求增加倒角部位纤维填充量及倒角的厚度。

　　②安装过程中，挡风板应进行预安装，组圆后再紧固合缝螺栓。如单块安装时先紧固螺栓，最后组圆时螺栓拉力易引起裂纹产生。

　　③拆卸时，应单块拆卸。两块同时拆卸时，搬运过程中由于挡风板自重作用，导致结合面受力产生裂纹。

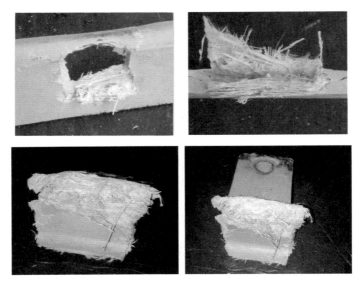

图 7 - 157　检查情况

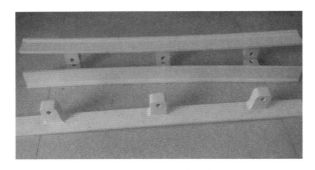

图 7 - 158　SMC 制成挡风板实物图

3. 研究结论

通过分析当前巨型机组不同机型挡风板的结构及实际运行情况，找出其不同结构和材质所带来的隐患，进行深入讨论和验证，提出针对性的改进意见，不仅对现场已完成投运的机组具有实施意义，还可使设计厂家有针对性地改进设计和材质，优化挡风板的结构，以更好地满足未来不同机型现场挡风板的使用要求，降低缺陷和隐患风险。

7.18　新型水轮机检修密封运用研究

1. 现象描述

当前运行的所有巨型立式水轮发电机组，检修密封均采用空气围带的密封结构形式，其结构如图 7 - 159 所示。检修密封由检修密封盖、检修密封支座及空气围带组成，空气围带结构如图 7 - 159 所示。

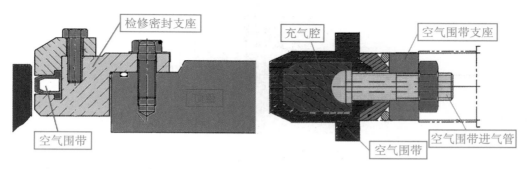

图 7 - 159（a）　原检修密封结构图　　　图 7 - 159（b）　原空气围带剖面图

空气围带工作时将压缩空气打入空气围带内部，将空气围带吹胀，使其膨胀并贴在转轮上冠进行止水；使用完成后进行排气，空气围带收缩至原位置。但是由于空气围带壁较薄，其整体强度较低，内部加载压力后，在主轴与沟槽内圆表面的间隙处存在应力集中的现象，密封在一定程度上存在破裂的风险，并且橡胶与金属接触部位在空气围带胀缩过程中存在漏气隐患。大轴在转动过程中，尤其是开停机时与变形后的空气围带发生摩擦，目前使用的空气围带侧壁较薄（约 3 ~ 4mm），多次摩擦后导致空气围带损坏，不能保压，导致了密封失效。

2. 分析研究

我们分析并了解到，目前水轮机组设计安装的均为膨胀时的空气围带检修密封，空气围带在运行过程中磨损漏气失效现象较为常见，检修密封更换工作量大且使用时间不长，已是当前大型水轮机组检修密封存在的普遍现象，所以研究一种新型的机组检修密封并应用，对当前空气围带换型以及未来水轮发电机组检修密封的设计均有较重要的意义。

我们分析了当前空气围带存在的问题，研究思路倾向于一种新型的检修密封结构，新型检修密封将全面改变原来的工作原理和方式，是一种具有新材料、新方法的创新产品。

新型检修密封采用外部加载气压的形式，由气压推动该密封整体向主轴表面方向移动，最终压紧主轴表面实现密封（具体结构如图 7 - 160）。经模拟计算分析，在水侧加载 0.3MPa 压力后，再在空气侧加载 0.7MPa 气压，该密封向主轴表面移动，最终压紧主轴表面实现有效密封。经试验验证，空气侧压力比水侧压力高 0.2MPa 即可实现有效密封。

该空气围带具有以下特点：

1）产品断面厚实，不会发生承压后爆裂的现象。

2）容易变形，现有结构可实现单边 1.5mm 间隙工况，经初步验证，适当调整结构即可满足单边 5mm 间隙工况。

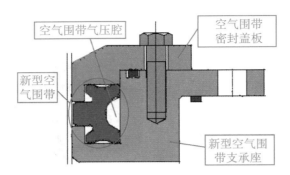

图 7-160　新型空气围带结构

3）可有效实现双向密封。

4）可实现较高压力密封，只需提高气源侧供气压力即可。

5）对原有检修密封沟槽结构做调整，满足新检修密封对工艺的要求。

6）对沟槽表面质量要求较高（沟槽上下两个面为密封配合面）。

新密封对检修密封支座、检修密封盖板及空气围带进行了重新设计。由于新支座与盖板形成密封腔，对表面光洁度要求较高，为防止长期处于水中导致密封腔锈蚀影响密封效果，检修密封支座及检修密封盖板材料均更换为不锈钢，并在支座与盖板间增设一道 O 形密封止水。

3. 研究结论

我们研究设计的新型机组检修密封，已按照设计生产了一套新型空气围带在实验机组上安装。跟踪运行两年后，对该台机组的空气围带进行保压试验及封水试验，新型空气围带密封性能及保压情况均良好。新型空气围带可有效解决老式空气围带因摩擦破损从而无法保压起不到密封作用的问题。与以往的空气围带相比，新型空气围带具有以下优势：

1）安装新型空气围带后，机组停机时可以断掉主轴密封供水，可以起到节约清洁水的目的。例如一台机组停机一天，如果投入主轴密封清洁水，所需要的清洁水量为 $32\mathrm{m}^3/\mathrm{h} \times 24 = 768\mathrm{m}^3$，也就是说安装新型空气围带后，机组每停机一天就可以节约 $768\mathrm{m}^3$ 清洁水。

2）安装新型空气围带后，机组检修主轴密封时可以不用特地排掉机组蜗壳、尾水管及压力钢管中的水，可以节约水能资源。同时，也不用耗费机组排水所需要消耗的人力、物力资源及时间成本。安装新型空气围带可以节约水资源、节省人力物力及时间消耗，提高经济效益。

3）相比于传统的空气围带，新型空气围带产品断面厚实，能够承受高压，保压能力及密封性能良好，可靠性高。

4）新型空气围带具有创新性，相比于传统的空气围带，其将内部加压改为外部加压。

通过研究实验，新型空气围带在实验机组上安装效果较好，且有效避开了传统空气围带存在的缺陷和不足，具有可观的经济效益，设计厂家可将我们的研究成果用在未来巨型机组的检修密封设计上，推广实施。

7.19　某机型转轮叶片的修型优化研究

1. 现象描述

某电站机组经过长时间运行和高水头试验后，转轮叶片出现气蚀和裂纹等缺陷，给机组的运行带来安全隐患。经对机组转轮叶片检查发现，叶片出水边负压侧由下环处起始 100～560mm 范围内均有不同程度的气蚀现象。经分析，此类机组转轮叶片在靠近下环的一段为非流线型设计，导致出水边在运行过程中出现卡门涡现象，从而使叶片出水边尤其是负压侧产生气蚀现象。通过分析研究，决定对此类机组实施转轮叶片出水边修型处理，以改善叶片出水边的气蚀情况。

2. 分析研究

转轮叶片的气蚀情况需要我们通过探伤进行发现和确认，在我们实施转轮叶片修型的首台实验机组上，我们首先对其进行了全面 PT 探伤。

探伤共发现气蚀缺陷 4 处，各叶片靠下环焊缝处出水边负压侧均有不同程度的气蚀现象。叶片与上冠、叶片与下环的焊缝及本体均无裂纹、气蚀等缺陷，具体情况如表 7－28 所示。

表 7－28　实验机组探伤情况

叶片	存在问题	缺陷位置	缺陷描述	附图
2#	气蚀 1 处	叶片出水边端面与下环焊缝 R 角处	气蚀孔，2#叶片出水边端面与下环焊缝 R 角处气蚀缺陷	
5#	气蚀 1 处	叶片靠下环焊缝处出水边负压侧	气蚀，5#叶片靠下环焊缝处出水边负压侧气蚀缺陷	
11#	气蚀 1 处	叶片靠下环焊缝处出水边负压侧	气蚀，11#叶片靠下环焊缝处出水边负压侧气蚀缺陷	
13#	气蚀 1 处	叶片靠下环焊缝处出水边负压侧	气蚀，13#叶片靠下环焊缝处出水边负压侧气蚀缺陷 13#叶片靠下环焊缝处出水边负压侧气蚀缺陷（局部图）	

1）修型方案

根据转轮叶片的结构及气蚀情况，通过分析产生缺陷的部位和情况，我们提出了叶片修型方案，具体如下：

（1）叶片由下环处起始 100 ~ 600mm 范围内对叶片出水边负压侧出口处倒圆角，圆角半径为 15mm。倒圆角半径用 R15 半径规检查。

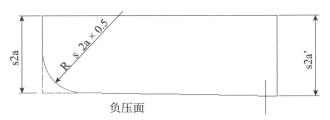

图 7 – 161　叶片出口边修型方案示意图

（2）对离下环 600mm 范围以外到叶片已经修型的其他区域内（包括 R 角），打磨光滑过渡。

2）修型施工步骤

（1）划线取点

在修型区域即叶片由下环起始 100 ~ 600mm 范围内，分别在负压侧和出水边端面均匀取 30 个点，各测点与叶片出水边的负压侧外缘距离为 15mm，如图 7 – 162 所示。

图 7 – 162　修型区域划线取点

（2）打磨修型

用角磨机（砂轮片）对划线区域进行粗磨处理，打磨过程中保留测点，且在此过程中不断用 R15 半径规校验，如图 7 – 163 所示。

图 7 - 163　修型区域粗磨处理

用角磨机（抛光片，150 颗粒度）对修型区域进行精磨处理，处理过程中不断用 R15 半径规校验，如图 7 - 164 所示。

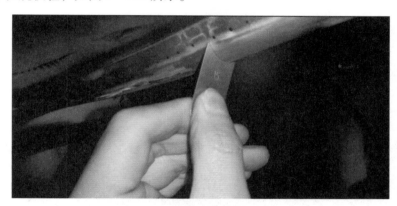

图 7 - 164　修型区域精磨处理

对过渡区域进行打磨处理，光滑过渡，如图 7 - 165 所示。

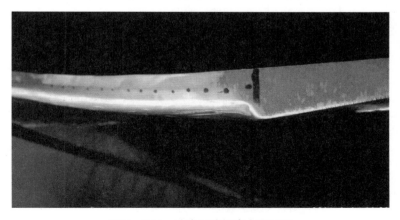

图 7 - 165　过渡区域打磨光滑处理

3）转轮叶片修型后效果

最终处理效果如图 7 – 166、图 7 – 167、图 7 – 168、图 7 – 169、图 7 – 170 所示。

图 7 – 166　6#叶片修型效果图

图 7 – 167　9#叶片修型效果图

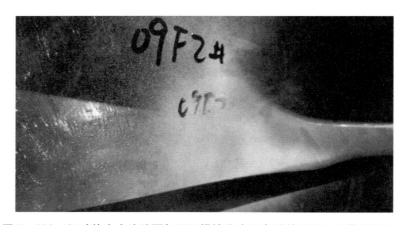

图 7 – 168　2#叶片出水边端面与下环焊缝 R 角处气蚀缺陷处理后最终效果图

图 7 – 169　11#叶片靠下环焊缝处出水边负压侧气蚀缺陷处理后最终效果图

图 7 – 170　13#叶片靠下环焊缝处出水边负压侧气蚀缺陷处理后最终效果图

3. 研究结论

通过对机组叶片气蚀情况的分析，采取附叶片出水边负压以及正压面进行修型，采取平滑过渡的处理方式，有利于改善机组叶片过流流态，降低水流气蚀对叶片的影响。我们对修型实验机组处理效果进行了两年跟踪，修型后的叶片气蚀位置未发现新的气蚀现象，且对机组的运行振摆情况有所改善，取得积极效果，值得在同类机组上实施，也可作为新电站同类问题的处理参考。

7.20　某机型大轴补气管末端段有无对机组影响研究

1. 现象描述

巨型混流式机组的转轮为了改善运行过程中水流的流态，降低紊流及压力脉动现象，往往设计了补气管的末端延长段，我们通过比较分析此类机组末端延长段有无对机组运行的影响。方法主要是对此类机组补气管末端段脱落前后的运行参数进行分析，包含对机组三部轴承瓦温、大轴摆度及各部位振动、压力脉动数据进行对比，分析大轴补气管末端脱落前后对机组运行的影响。

2. 分析研究

1）三部轴承瓦温分析

在5月18日至6月1日，对机组脱落的补气管末端段进行恢复加装大轴补气管末端段，故我们选取6月5日和5月11日两时间段的运行数据作为有无末端补气管工况进行对比。三部轴承瓦温数据如表7-29所示。

表7-29　机组2015年5—6月轴承瓦温

温度　　工况	5月11日 H=86.9m，有功651MW			6月5日 H=86.7m，有功660MW		
	T_{max}	T_{min}	∇T	T_{max}	T_{min}	∇T
上导瓦温（℃）	35.9	29.1	6.8	38.6	31.2	7.4
下导瓦温（℃）	51.9	45.2	4.3	52	47.6	3.7
推导瓦温（℃）	76.8	75.3	1.5	77.7	76.5	1.2
水导瓦温（℃）	43.2	38.1	2.8	48.2	40.4	2.2

从表7-29可看出，加装补气管后三部轴承瓦温有所上升，这与环境温度变化趋势一致。机组在10—12月期间上游水位位于最高值，水头比较稳定，因此比较了2014年10—12月与2015年10—12月同期三部轴承导瓦温度，见表7-30。

表7-30　2014—2015机组同期轴承瓦温

温度　　工况		2014.10 H=109.0	2014.11 H=108.4	2014.12 H=109.2	2015.10 H=108.6	2015.11 H=109.4	2015.12 H=108.3
上导瓦温（℃）	T_{max}	39.4	38.4	38.3	39.8	38.3	37.3
	T_{min}	31.6	30.5	29.6	31.8	30.2	29.7
	∇T	7.8	7.9	8.7	8.0	8.1	8.6
下导瓦温（℃）	T_{max}	55.6	54.3	53.1	48.6	49.1	50.1
	T_{min}	42.9	42.8	41.3	42.8	41.3	40.8
	∇T	12.7	11.5	11.8	5.8	7.8	9.3
推导瓦温（℃）	T_{max}	79.5	77.7	77.8	78.8	78.3	77.3
	T_{min}	74.7	73.3	73.2	75	76.1	75.1
	∇T	5.1	4.4	4.6	3.8	2.2	2.2
水导瓦温（℃）	T_{max}	42.6	42.5	无	46.9	45.9	46.5
	T_{min}	39.6	40.0	无	43.2	41.7	43.7
	∇T	3.0	2.5	无	3.7	4.2	2.8

综合2014年与2015年同期瓦温数据，三部轴承瓦温都在合理范围内，上导轴承瓦温与推力轴承瓦温基本维持在同一水平，下导轴承瓦温有所降低，而水导轴承瓦温有所上升。

2）机组振动及摆度分析

（1）加装补气管前后振动对比

表 7-31　5—6 月机组振动

	加装前		加装后	
	2015.4.12	2015.4.28	2015.6.5	2015.6.21
水头 H（m）	101.3	98.4	88.4	79.4
上机架水平振动（μm）	16.83	15.47	21.0	31.1
上机架垂直振动（μm）	4.91	5.0	4.20	9.40
定子机架水平振动（μm）	1.36	1.33	7.5	10.8
定子机架垂直振动（μm）	80.9	80.4	42.5	47.3
下机架水平振动（μm）	1.6	1.43	71.8	76.0
下机架垂直振动（μm）	41.3	44.9	0.8	0.9
顶盖水平振动（μm）	14.8	13.9	15.1	19.0
顶盖垂直振动（μm）	9.3	12.2	4.3	24.2

在水头变化情况下，加装补气管前后机组振动水平都在要求范围内，其中上机架振动与顶盖振动维持同一水平，定子机架振动与下机架振动变化较大，同理对比 2014 年与 2015 年 10—12 月同期水平，如表 7-32：

表 7-32　2014—2015 同期机组振动

	加装前			加装后		
	2014.10	2014.11	2014.12	2015.10	2015.11	2015.12
水头 H（m）	107.1	106.7	107.3	105.2	109.1	108.0
上机架水平振动（μm）	15.0	12.1	22.9	16.6	19.2	22.4
上机架垂直振动（μm）	10.2	6.1	19.5	12.4	7.2	12.9
定子机架水平振动（μm）	1.37	1.4	1.39	10.4	9.7	8.4
定子机架垂直振动（μm）	78.4	77.1	75.4	42.0	54.1	54.0
下机架水平振动（μm）	1.3	1.5	1.6	78.9	81.4	75.9
下机架垂直振动（μm）	53.2	46.5	47.9	0.9	0.9	0.9
顶盖水平振动（μm）	14.8	15.3	17.0	16.1	19.2	28.1
顶盖垂直振动（μm）	13.2	11.9	30.4	11.1	10.0	11.4

从 2014 年与 2015 年同期水平来看，水头变化不大的情况下，上机架水平与垂直振动及顶盖水平与垂直振动维持在同一水平，而定子机架水平振动上升、垂直振动降低，下机架水平振动与垂直振动变化较大。

（2）加装补气管前后摆度分析

表 7 – 33   5—6 月机组摆度

	加装前		加装后	
	2015.4.16	2015.5.1	2015.6.6	2015.6.20
水头 H（m）	102.1	97.2	88.6	79.0
上导 X 向摆度（μm）	149.9	152.8	128.2	177.2
上导 Y 向摆度（μm）	175.2	183.5	183.7	199.3
下导 X 向摆度（μm）	353.2	346.6	269.8	351.7
下导 Y 向摆度（μm）	295.2	273.7	201.5	252.3
水导 X 向摆度（μm）	120.7	116.4	107.4	132.9
水导 Y 向摆度（μm）	116.7	116.3	89.0	101.7

表 7 – 34   2014—2015 同期机组摆度

	加装前			加装后		
	2014.10	2014.11	2014.12	2015.10	2015.11	2015.12
水头 H（m）	107.2	108.4	107.6	105.6	109.4	108.2
上导 X 向摆度（μm）	185.7	172.5	143.3	111.0	132.9	130.9
上导 Y 向摆度（μm）	148.1	183.1	148.8	139.2	168.1	170.2
下导 X 向摆度（μm）	296.7	262.3	299.7	355.8	271.9	269.4
下导 Y 向摆度（μm）	258.7	207.8	250.9	291.9	230.2	232.6
水导 X 向摆度（μm）	135.5	134.7	123.9	163.3	119.2	120.6
水导 Y 向摆度（μm）	134.2	135.7	115.1	175.2	113.7	120.1

从数据对比来看，加装补气管前后机组三部轴承摆度变化不大。

3）机组压力脉动分析

表 7 – 35   5—6 月机组压力脉动

	补气管加装前（2015.5.11）		补气管加装后（2015.6.12）	
	峰峰值（kPa）	百分比（%）	峰峰值（kPa）	百分比（%）
水头 H（m）	90.95		83.6	
顶盖下压力脉动	1.45	0.16	7.1	0.85
无叶区压力脉动	12.35	1.36	18.1	2.16
蜗壳进口压力脉动	0.8	0.09	27.0	3.22
尾水上游水压脉动	0.78	0.09	7.9	0.94
尾水下游水压脉动	0.51	0.06	7.6	0.91

加装补气管后顶盖压力脉动增加，蜗壳压力脉动增加，尾水压力脉动增加，无叶区压力脉动维持在同一水平。对比 2014 年与 2015 年同期压力脉动，与上述结论一致。

表 7 -36　2014—2015 同期机组压力脉动

	补气管加装前			补气管加装后		
	2014. 10	2014. 11	2014. 12	2015. 10	2015. 11	2015. 12
水头 H（m）	106. 2	109. 2	107. 8	104. 3	109. 2	108. 3
顶盖下压力脉动（%）	0. 13	0. 12	0. 12	0. 50	0. 53	0. 79
无叶区压力脉动（%）	1. 23	1. 23	1. 08	1. 67	2. 0	2. 12
蜗壳进口压力脉动（%）	0. 07	0. 06	0. 06	1. 24	1. 55	2. 29
尾水上游水压脉动（%）	0. 07	0. 07	0. 06	0. 82	2. 01	1. 96
尾水下游水压脉动（%）	0. 05	0. 04	0. 05	0. 64	1. 06	1. 19

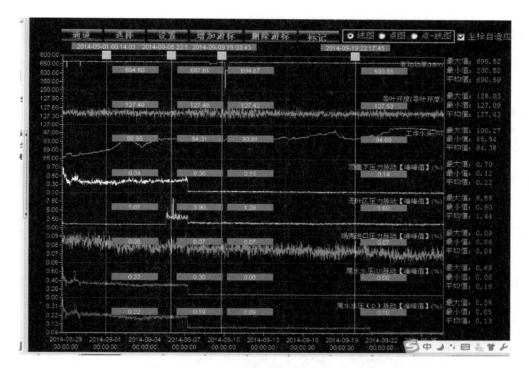

图 7 -171　机组 2014 年 9 月压力脉动变化

　　在机组负荷不变的情况下，顶盖下压力脉动值从 2014 年 9 月 5 日的 0.35% 突然降至 0.15%，无叶区压力脉动、尾水水压脉动（U）&（D）都出现陡然下降情况。7 月、8 月顶盖下压力脉动维持在 0.98% 和 1.0%，9 月之后变为 0.15%，尾水水压脉动（U）由 0.82% 降至 0.08%，尾水水压脉动（D）由 0.36% 降至 0.09%。从 2014 年 9 月之后到 2015 年 5 月，各部位压力脉动维持在一个水平，而 2015 年 6 月后压力脉动增加。

表7－37　2014—2015 机组压力脉动比较

	补气管加装前					补气管加装后		
	2014.4	2014.5	2014.7	2015.1	2015.3	2015.10	2015.11	2015.12
水头 H（m）	98.1	88.5	81.7	105.2	102.5	104.3	109.2	108.3
顶盖下压力脉动	0.52	0.54	0.98	0.13	0.14	0.50	0.53	0.79
无叶区压力脉动	1.05	1.04	1.62	0.96	1.07	1.67	2.0	2.12
蜗壳进口压力脉动	0.24	0.30	0.68	0.07	0.07	1.24	1.55	2.29
尾水上游水压脉动	0.28	0.33	0.62	0.07	0.07	0.82	2.01	1.96
尾水下游水压脉动	0.20	0.22	0.36	0.04	0.05	0.64	1.06	1.19

3. 研究结论

从研究机组加装补气管前后机组三部轴承瓦温、振动、摆度和压力脉动对比数据来看，增加补气管后，下导瓦温降低，水导瓦温上升，推力瓦温与上导瓦温变化较小；上机架振动及顶盖振动变化较小，而定子机架水平振动上升、垂直振动降低，下机架水平振动与垂直振动变化较大；三部轴承摆度变化较小；压力脉动增加。总体分析结论认为，此类机组在研究水头条件下，补气管末端延长段的有无对机组改善运行工况无明显效果，对同类机组在以后的设计中可以增加此内容的模型试验，收集更全面的实验效果，并结合我们实际机组运行的参数情况，优化改进转轮的设计。

附：TN8000 历史数据图

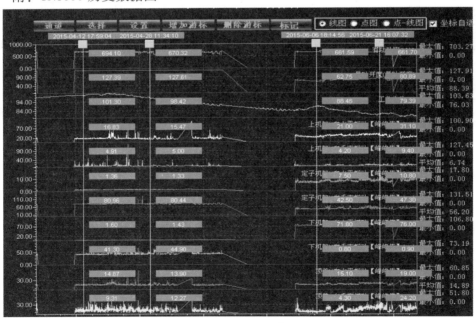

图7－172　机组 2015 年 4—6 月振动

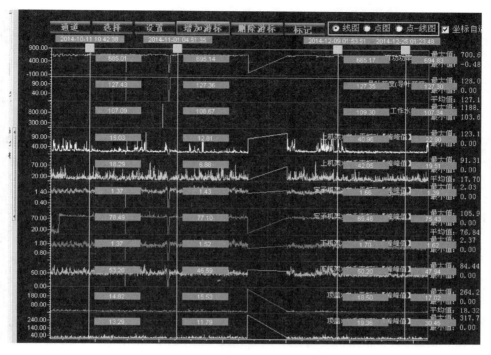

图 7 - 173　机组 2014 年 10—12 月振动

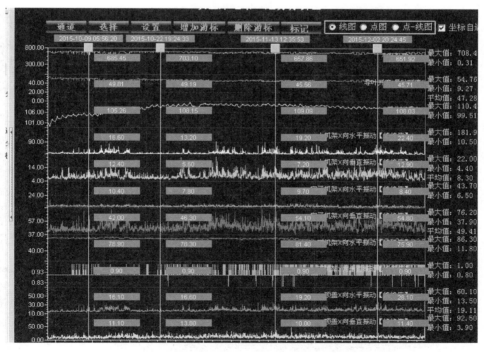

图 7 - 174　机组 2015 年 10—12 月振动

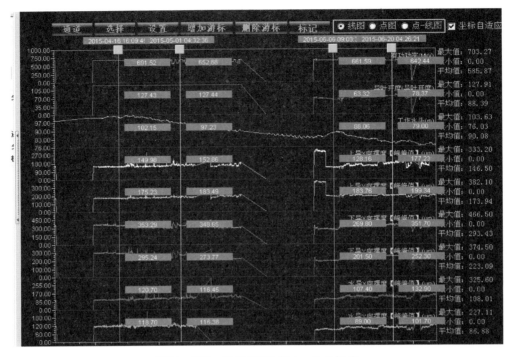

图 7 – 175　机组 2015 年 4—6 月摆度

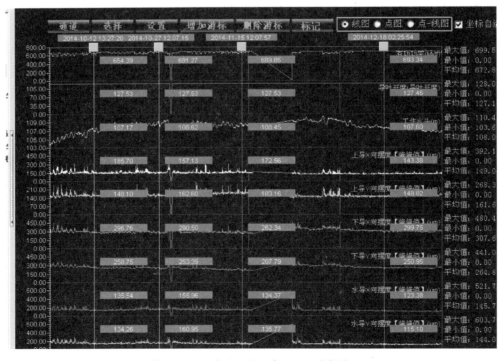

图 7 – 176　机组 2015 年 4—6 月摆度

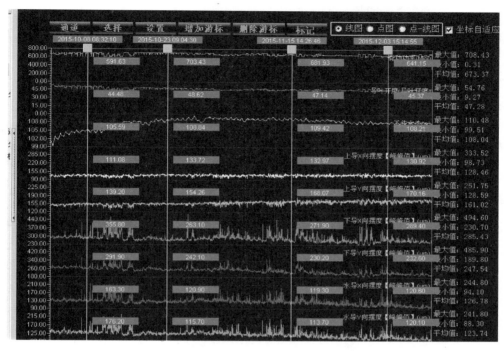

图 7 –177　机组 2015 年 10—12 月摆度

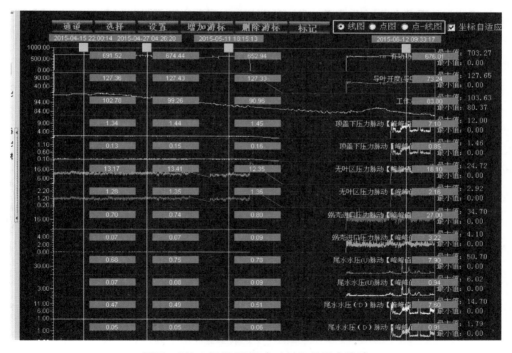

图 7 –178　机组 2015 年 4—6 月压力脉动

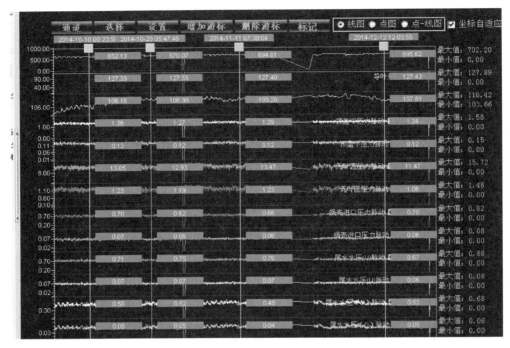

图 7－179　机组 2014 年 10—12 月压力脉动

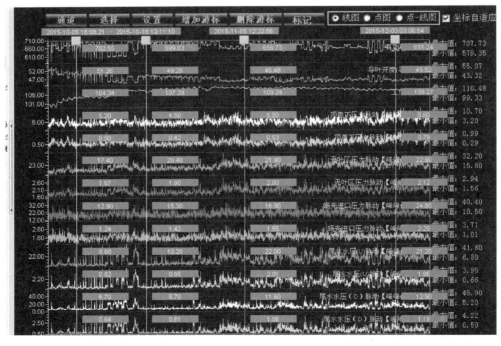

图 7－180　机组 2015 年 10—12 月压力脉动

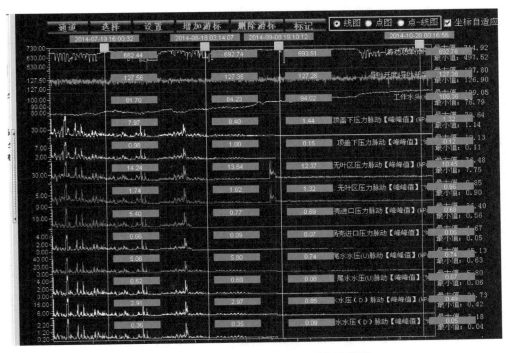

图 7-181　机组 2014 年 7—10 月压力脉动

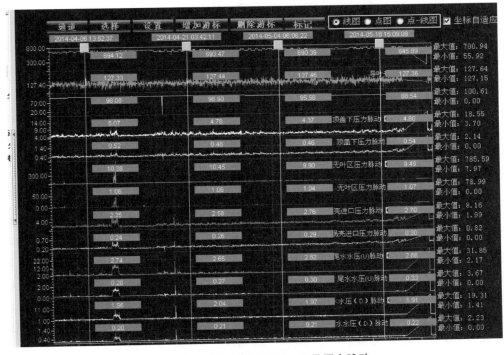

图 7-182　机组 2014 年 4—6 月压力脉动

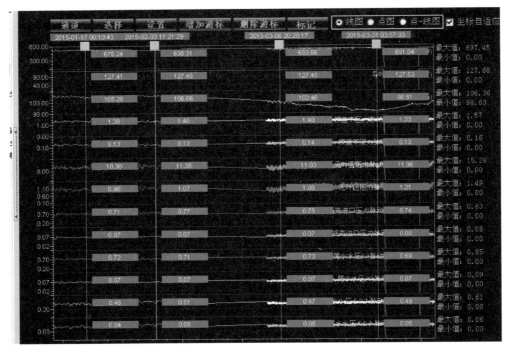

图 7 - 183　机组 2015 年 1—3 月压力脉动

7.21　运用于机组大轴补气管的防结露技术研究

1. 现象描述

水轮机组大轴补气管装设在机组大轴内部，贯穿整个发电机组延伸至尾水管内。由于环境温度、湿度及管壁内外存在的温差影响，大轴补气管外壁会出现结露现象。为控制大轴补气管结露对机组安全运行的影响，前期方法是在补气管外围包扎保温层，并用 PAP 铝塑板固定强化。随着机组长时间运行，此种保温方式存在保温层掉落影响机组安全运行的隐患。大轴补气管结构如图 7 - 184 所示。

2. 分析研究

虽然机组大轴补气管原防结露措施存在脱落风险，不利于机组的安全运行，但是大轴补气管的防结露措施是避免其出现凝水结露的有效手段。所以，采取一种更有效的防结露措施对保障机组安全运行具有极高的研究意义。通过分析得知，结露主要是由于补气管的内外端面存在较大温差，大轴内部的水汽在补气管外表面凝结成水珠所致，所以采取措施降低补气管内外壁的温差以及隔绝水汽与补气管的表面接触是防止结露产生的有效手段。通过研究分析，在实验机组上采用了瑞典生产的 Grafo Therm 品牌防结露涂料，在机组上段补气管外壁进行刷涂实验，并跟踪运行效果。

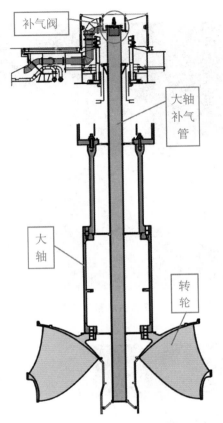

图 7-184　水轮机组大轴补气管示意图

主要施工步骤如下：

1）拆除机头罩、补气阀，将补气管吊出，拆除管路上原有的保温材料；对补气管管道表面除锈、清扫，去除灰尘、垃圾及污渍，确保补气管外壁表面锈迹、油污必须处理干净。

2）刷涂防结露涂料。涂刷之前防结露涂料应先搅拌均匀，第一遍刷涂后放置 4 小时左右，待干燥后刷涂第二遍。以此类推，按 4 小时左右间隔共刷涂 4 遍，总涂层厚度 2mm。需要注意的是，防结露涂料涂刷时要均匀，不得有漏涂部位；施工环境应干燥少尘，切忌水滴沾落涂层表面，施工现场应通风良好，以加快涂抹干燥速度。

在对机组大轴补气管涂刷防结露涂料之前，我们将相同品牌的防结露涂料采用相同的施工工艺，在机组技术供水管路上易观察部位做了一些实验，如图 7-185、图 7-186、图 7-187 所示。

图 7 -185   技术供水管防结露涂料实验

图 7 -186   集油槽冷却器供水管防结露涂料实验

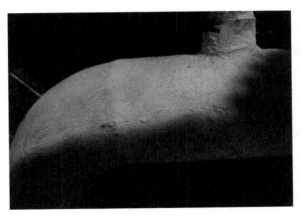

图 7 - 187　上导冷却水管刷防结露涂料实验

实验证明，瑞典生产的 Grafo Therm 品牌防结露涂料能有效吸收凝结的水分并在外部温度升高后逐步蒸发，可以有效防止结露现象。

在完成实验机组涂刷防结露涂料后，我们对大轴补气管刷涂防结露涂料部位定期进行巡检跟踪观察，以确定防结露实验效果。现场检查结果表明：

1）机组补气管刷涂防结露涂料部位，防结露涂料涂层未出现开裂、脱落现象（见表 7 - 38）。

2）机组大轴补气管刷涂防结露涂料部位，未发现涂层表面出现结露现象。

表 7 - 38　机组补气管刷涂防结露涂料部位对比

机组号	补气管（2014 年 3 月涂刷时）	补气管（2014 年 11 月跟踪检查）
机组一（2014 年 3 月至 11 月运行时长 1800h）		
机组二（2014 年 3 月至 11 月运行时长 1450h）		

3. 研究结论

通过分析大轴补气管出现结露的原因，以及有针对性地采取涂刷防结露涂料实验来看，采取涂刷防结露涂料的措施较当前我们普遍采取的包扎隔热材料方式有较高的优势，首先其运行过程中不存在脱落风险，可让大轴达到更好的绝缘效果；另外其使用时间和防结露效果更加明显，我们研究采取的防结露涂料涂刷方式可以在其他巨型机组的防结露措施中推广运用，具有极高的经济效益和安全效益。

7.22　巨型混流式机组推导轴承在线监测系统研究

1. 现象描述

目前，所有电站机组各油槽（上导、推导、水导、调速系统集油槽）主要的监测措施主要为：

- 冬修期间对各油槽油样在实验室做基本的理化指标化验。
- 若化验异常或出现故障，则取油样进行全面化验分析。
- 系统随设备装有在线油浑水报警装置，但不能准确报警；其技术原理为相对湿度探测仪，对游离水和乳化水并不敏感，而这两种水分是不可避免的存在于油中；（注：油中水存在三种形式，即游离水、乳化水、溶解水）。

上述这些措施能起到对油液的定期分析判断，但受采样时间和周期的限制，其只能对油液本身性能参数进行分析，并不能反映实时的油槽内油的运行工况及设备状况。特别是出现早期设备故障，如早期磨损，油液由于内外原因导致的性能下降，如污染物的进入、水分的聚集等，定期化验并不能及时发现问题和报警。

基于当前我们对各系统油品的检测漏洞存在的风险，我们的研究方向主要是采用一种轴承在线监测系统，监测油品和机组的运行参数，便于我们掌握机组运行状态和指导维护检修。

2. 分析研究

为了达到我们的研究目标，实现机组轴承系统的在线监测，需要将机组推力轴承的受力监测、油膜厚度监测、轴承油品监测一并纳入研究实验当中，为了达到以上目标，我们主要从技术方案、传感器等各方面进行研究实施。

目前油液在线监测技术在国外已发展成熟，其不仅能监测油液的基本理化指标变化，更重要的是能通过对油品质本身的监测提供设备故障的预警（如微量磨损金属的趋势）。因此，为提高对设备运行工况的监测，提出如下改进措施：

- 保留和提高现有的公司油液化验分析，起到对油液最基本性能的分析检测。
- 加装油液在线监测系统，对与设备运行工况相关的参数进行实时监测。
- 将润滑系统监测与轴瓦温度、振摆在线监测相结合，定期综合分析，为设备诊断提供更多可靠依据。

- 对推导和调速系统的油液每年取样送外做全面分析。

润滑在线监测已超越传统的油液分析范畴，其不仅是对油液本身理化指标的监测，更是通过一些非油品指标的监测来诊断设备的运行状况，因而，其与监测轴瓦的温度、机组的振摆同等重要。

1）增设油品质在线监测系统方法

这一新技术在国外经过近些年来的发展，已非常成熟，在一些大型关键设备得到广泛应用，如风力发电机齿轮轴承的在线监测；大型船舶的发动机、齿轮、轴承监测；汽轮发电机轴承监测；特别是在军事领域得到广泛应用，如 GE 航空发动机轴承监测，黑鹰直升机发动机轴承已成标准配置，并可将报警无线传输到基地。由于价格高的原因，只是在一些大型关键民用工业设备开始应用。国内很早就开展了这方面的研究工作，但没形成任何产品和系统集成。每一传感器需要不同的技术，需大量投入。

油液在线监测工作原理及主要功能：

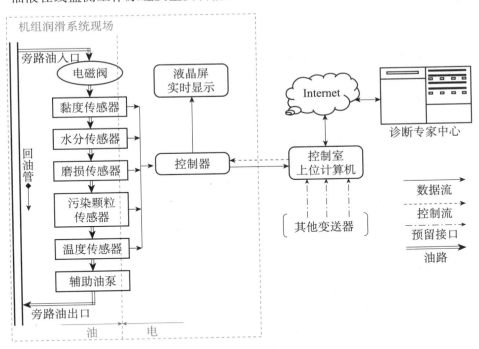

图 7-188　系统和设备示意图

在机组运行时，通过一直流电机油泵从推导集油槽取样，将有代表性的油样不间断地输送到位于集油槽外装有各类传感器的集成系统；各传感器自动实时分析，采集信号，并将各类信号通过标准协议（如 RS232/MODBUS）输送到单元控制室（或水车室水轮机辅助盘柜旁）；在单元控制室（或水车室水轮机辅助盘柜旁）将设立一独立数据采集、处理分析系统，并预留接口以便与集控室相接和远程登录显示。

数据可通过单元控制系统的软件进行分析处理，以趋势图的形式或报表显示，也可远程登录。采集的数据可根据要求存储，以便日后根据需要进行不同要求的历史记录分析。系统可设定报警值。主要实现功能如下：

（1）金属颗粒分布趋势图

通过对不同尺寸铁和非铁金属微粒含量分布和趋势的分析，可判断轴承和其他运动部件的润滑和磨损情况及方式，为维护保养提供依据；同时，如果金属微粒含量突然增加，报警设备可能显示故障，以便采取措施。

（2）总铁含量趋势图（功能如上）

（3）总水分含量

油中水存在三种形式：游离水，乳化水，溶解水。这些水的污染，除加速油的氧化，也会对轴承造成较大的损伤，如锈蚀、点蚀等。该探测仪能监测所有三类水污染的总量，以%形式输出。

（4）氧化度

反应油品品质的变化趋势，对油品的总体性能做出分析判断。

（5）清洁度

标准清洁度输出，标准为 NAS 1638 等级值。反映的是油液的清洁度，对于轴承一般的要求是 NAS 7 – 8 级。如超出这一限度，将发生一系列问题，如轴承系统装置过滤器堵塞、轴间油膜不易形成、油品润滑性能下降等。

（6）黏度

油品最基本的理化指标，也是最重要的理化指标之一。跟踪其变化趋势能很直观地判断油液基本性能的变化。输出单位为 cSt。

2）主要传感器简介（每一传感器均配有信号处理电子单元）

以下传感器均为国际一流油液分析厂家、专业仪器仪表厂家生产，性能稳定，可靠，并有大量实际应用。

（1）金属微粒探测仪

采用先进的线圈绕组感应技术，结合精确的计算技术，该探测仪能提供高精度的铁和非铁金属微粒尺寸及分布的测量分析，能实时监测设备的磨损状况。

- 信号输出：4～20mA；
- 通信方式：RS232、RS485 或 MODBUS
- 探测范围：

  铁微粒　　40μm（0.04mm）

  非铁金属　135μm（0.135mm）
- 探测输出微粒尺寸分布

（2）总微量磨损铁金属在线分析仪（两种）

采用先进的磁电感应技术，监测微量磨损铁金属总含量的趋势，跟踪设备磨损方式的变化。

图 7 - 189　金属颗粒检测仪

- 微量铁金属总含量：0 ~ 2000ppm
- 信号输出：4 ~ 20mA，RS232
- 工作压力：10bar
- 工作介质温度：－20 ~ 13℃

图 7 - 190　微量铁损检测仪

（3）油品品质探测仪

该探测仪能及时监测氧化酸性物质的水平和变化，以监测油品品质的变化趋势。不仅能实时监测油液和设备的状况，同时也能对外界污染物突然进入及时报警。

- 读数：0 ~ 100 单位
- 信号输出：4 ~ 20mA，RS232
- 工作压力：10bar
- 工作介质温度：－20 ~ 65℃

图 7 – 191　油品检测仪

（4）总水分在线检测仪

结合先进的电容和介电常数测量技术，辅以温度补偿和先进的电子技术，克服传统介电常数测量的缺点，在线监测总水含量，包括溶解水、游离水和乳化水。

- 测量范围：0% ~ 25%（体积比，可调）
- 工作温度：0 ~ 125℃
- 工作压力：16bar
- 信号输出：4 ~ 20mA DC，RS232 Full Duplex

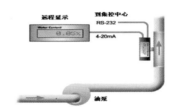

图 7 – 192　总水分检测仪

（5）污染度在线监测仪

采用激光和光纤探测技术，实时监测油液的机械杂质和污染程度。

- 检测输出标准：ISO 99（ISO 4460：1999）或 ISO 87（ISO4406：1987）；SAE［SAE AS 4059（D）］；NAS（NAS 1638）
- 信号输出：4 ~ 20mA DC，RS232

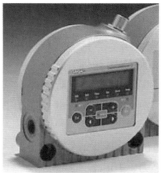

图 7 – 193　污染度检测仪

（6）黏度探测仪

采用超声技术或电磁技术，并采用温度补偿技术，准确测定黏度。

- 信号输出：4～20mA DC，RS232
- 输出单位为 cSt

图 7 – 194　黏度探测仪

3）油膜厚度检测装置安装方案

油膜厚度检测模块包括两部分：电涡流传感器前置器和电涡流探头。其中电涡流传感器前置器安装如图 7 – 195。

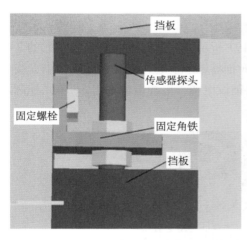
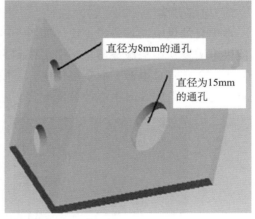

图 7 – 195　电涡流探头安装方式

推力轴承油膜厚度测量采用两套传感器，分别对应 + X、+ Y 方向，两个测量点相隔 90 度，通过误差修正等提高测量的准确度和精度。

在 L 形固定支架的一面打两个直径为 8mm 的通孔，用于将支架固定在推力瓦的进油边侧面上（支架安装在进油边距推力瓦大头 100mm 处）。在 L 形支架的另一面，打一个直径为 15mm 的通孔，用于固定电涡流传感器，传感器必须垂直安装在固定支架上，且保证传感器与被测面垂直。

在传感器对应的两块推力瓦间的挡板上，钻一个直径为 24mm 的通孔，用于传感器底部延长线缆的通过。线缆顺着油槽的内壁走到油槽顶部，从顶部连接到外部的前置器采集箱。

4）24 路推力瓦受力采集箱

机组推力瓦支柱螺栓内部装有受力传感器，传感器信号采集箱安装在水车室内，因此只需要将信号线路引出，连接中央服务器机柜。

图 7 – 196　轴承受力采集装置

5）电源方案

本项目的供电需求分成 4 块，如图 7 – 197 所示。其中油液在线采集单元的 24V 直流供电需要从中央服务器机柜引出线到 5F 推导轴承现场，在服务器机柜中安装一 220VAC 转 24VDC 电源，向现场供电。需要铺设电缆，电缆电源取自 5F 单元控制室交直流配电柜，安装时由电控分配配合。

图 7 – 197　方案电源取电位置

3. 研究结论

1）本研究开发的水轮机组润滑油液状态、推力瓦油膜厚度、推力瓦受力状况、有功功率和转速的"集成在线监测系统"，实现了对水轮机组多参数状态监测信息的融合，是我国水电行业水轮机组多参数状态监测的集成创新，属国内首创。

2）研究开发的"油液在线监测装置"，实现了对水轮机在用润滑油的黏度、水分、污染度、介电常数及磨损金属颗粒等多信息的集成监测，开发了一套机电液一体化的油液在线监测采集硬件和软件系统，实现了监测系统的参数设置控制、油液状态信息的采集处理和显示、润滑磨损状态的诊断等功能，保证了水轮机组润滑磨损状态监测的可靠性和及时性。本项研究成果具有显著的技术创新性，在国内水电行业属首例应用，达到了国内领先水平。

3）研究开发的"推力瓦油膜厚度的在线监测装置"，在不破坏推力瓦的现有结构、无运行风险的前提下，能有效实时监测推力瓦油膜厚度的变化情况，论证了本项目研究的在现役水轮机上安全准确监测油膜厚度变化的监测方法和安装方式的可行性，为保证水轮机组启停机期间推力瓦的润滑可靠性及突发故障的原因分析提供了监测依据。本项研究成果具有显著的技术创新性，在国内水电行业属首创，达到了国内领先水平。

4）项目对水轮机组 24 块推力瓦受力进行集中采集，并融入在线状态监测系统，减轻了设备维护人员的工作量，为水轮机状态的实时调整提供了直观的数据依据，是一项应用创新并具有较高的实用价值。

5）本研究项目的实施填补了我国水电行业水轮机组油液在线监测与油膜厚度在线监测的空白，为保障水轮机组的运行安全提供了科学依据，达到了国内领先水平。

6）本项目为实现水轮机组多参数状态监测信息融合奠定了基础，建议项目完成单位继续完善现有监测系统在使用中存在的不足，大力推广应用项目的研究成果，以进一步完善长江电力水轮机组的运行状态监测体系。

附件：推导轴承在线监测研究成果跟踪数据

机组推导轴承状态监测系统于 2013 年 3 月进行安装调试，2013 年 4 月 11 日并网发电投入运行，经过连续运行，推导轴承状态监测系统基本运行稳定，各子系统数据采集正常。

机组推导轴承状态监测系统趋势分析内容分三部分：油液在线系统、受力在线系统、油膜厚度在线系统。

第一部分　油液在线监测系统

推导油品油液在线监测系统用于对油液的黏度、水分、污染度、温度、大磨损颗粒数、小磨损颗粒数、磨损颗粒形貌特征等多参数的集成式实时在线监测。调取 4 月 13 日至 6 月 7 日的数据进行分析，见表 7-39：

表 7 - 39   油液在线监测数据

序号	实测黏度	40℃黏度46±10%	水分含量<100	油品品质1.5~3.5	4/14μm ISO 污染等级≤20/16	大磨粒浓度≤10	小磨粒浓度≤14	磨损总量	油液温度	采样分析时间
1	33.12	43.03	30.83	2.15	14~11	5.35	6.53	10.03	42.98	2013-06-07 12:23:49
2	35.84	43.16	31.08	2.15	15~11	5.69	7.04	10.74	42.95	2013-06-07 11:43:49
3	34.49	43.07	30.92	2.15	15~11	5.46	6.72	10.28	42.98	2013-05-20 11:23:49
4	38.19	41.47	30.92	2.15	15-11	5.52	6.72	10.33	42.94	2013-05-20 11:03:49
5	38.4	41.75	30.77	2.15	15~11	5.48	6.73	10.3	42.98	2013-05-19 07:03:49
6	34.71	43.12	30.82	2.15	15~11	5.59	6.83	10.5	42.89	2013-05-19 06:43:49
7	31.38	43.1	30.83	2.15	15~11	5.52	6.77	10.4	42.88	2013-05-19 05:03:49
8	36.75	41.16	32.19	2.15	15~11	5.75	7.08	10.8	43.17	2013-05-16 02:43:49
9	36.74	41.16	32.04	2.15	15~11	5.53	6.76	10.4	43.16	2013-05-16 01:03:49
10	36.74	41.16	32.01	2.15	15~11	5.45	6.7	10.3	43.16	2013-05-16 00:43:49
11	48.46	45.61	22.94	2.15	13~9	6.06	8.84	12.5	38.34	2013-04-15 09:41:03
12	48.17	45.36	23.06	2.15	13~8	5.35	7.98	11.17	38.32	2013-04-15 09:21:03
13	48.74	45.51	23.68	2.15	13~9	6.49	9.46	13.38	38.1	2013-04-14 08:01:03
14	48.68	45.54	23.79	2.16	13~8	5.3	7.89	11.06	38.1	2013-04-14 07:41:03
15	49.1	45.53	25.14	2.16	13~9	5.9	8.63	12.19	37.83	2013-04-13 00:21:03
16	54.53	45.7	38.3	2.24	12~8	4.98	7.44	10.41	34.4	2013-04-11 14:46:11

表 7 - 40   对应离线监测油液的数据

设备名称	推导轴承 2013-04-11 化验	
项 目	试 验 结 果	标 准
外 观	透明	透明
机械杂质	无	无
颗粒度 NAS 级	9	≤8
微水 mg/L	43	≤100
运动黏度 40℃ mm²/s	47.85	46±4.6

小结：

1）4 月至 6 月，随着环境温度升高，实时油品黏度呈下降趋势，折算成 40℃ 黏度范围在 41 ~ 45 之间，满足国家标准。

2）4 月同检修厂离线化验指标对比，5F 在线系统水分含量 38.3ppm，40℃ 黏度 45.7；离线测量水分含量 43ppm，40℃ 黏度 47.8。总体上相差不大。

3）其他油品品质、4/14μm ISO 污染等级、大磨粒浓度、小磨粒浓度、磨损总量等参数，除极个别数据跳变，总体趋势平稳无明显变化。

第二部分　推力瓦受力在线系统

受力在线监测系统是对原有机组受力传感器进行集成式实时采集数据，经与 ALS-TOM 受力应变仪进行读数对比校核，在线监测系统采集的静态受力数据基本准确。

表 7 - 41　在线监测系统采集的静态受力数据

| 瓦号 | 初始值（μm） | 静态受力（μm） | | 动态受力（μm） | | | |
| | | 停机 | | 空载 | 700MW | 683MW | 640MW |
	2013 年 04 月 03 日 18:28:59	2013 年 04 月 07 日 13:26:56	2013 年 04 月 11 日 11:00:28	2013 年 04 月 11 日 16:20:28	2013 年 04 月 11 日 18:00:00	2013 年 05 月 13 日 18:08:00	2013 年 06 月 06 日 02:00:00
1	1	124	119	160	185	185	176
2	−12	108	109	146	166	168	160
3	11	115	119	153	177	180	174
4	−6	113	113	152	175	180	176
5	−7	118	119	154	176	180	178
6	−8	142	92	114	124	95	105
7	−4	110	108	150	173	177	178
8	−7	129	124	161	186	187	190
9	−7	131	126	168	195	192	197
10	1	122	119	163	191	188	192
11	−19	131	129	162	189	180	184
12	6	106	105	146	171	169	170
13	17	120	119	156	182	181	181
14	17	127	124	164	188	190	187
15	−7	123	121	166	188	192	186
16	1	130	126	168	193	197	190
17	2	130	128	175	196	201	194
18	−3	115	115	151	178	178	173
19	13	115	110	145	170	176	167
20	6	116	116	145	174	173	166
21	−11	129	126	158	189	183	178
22	12	127	123	158	188	184	177
23	7	123	122	158	184	178	172
24	2	121	116	154	178	174	168

瓦号	初始值（μm）	静态受力（μm）		动态受力（μm）			
		停机		空载	700MW	683MW	640MW
	2013年04月03日18:28:59	2013年04月07日13:26:56	2013年04月11日11:00:28	2013年04月11日16:20:28	2013年04月11日18:00:00	2013年05月13日18:08:00	2013年06月06日02:00:00
最大受力	131	128	175	196	201		197
最小受力	106	105	145	166	168		160
最大-最小	25	23	30	30	33		37
平均受力	121	119	157	182	179		176

小结：

1）停机状态下，受力在线监测系统测量数据与原 ALSTOM 受力应变仪测量数据基本吻合，数据最大误差在 3μm 以内。

2）4—6 月联系运行中，推力瓦受力平稳，数据无明显变化趋势。

第三部分　推力瓦油膜厚度在线系统

推力轴承油膜厚度监测采用非接触电涡流传感器进行采集，共有两处测点，分别布置在 +X 和 +Y 处推力瓦的进油边方位，传感器采用支架固定在推力瓦上。

表 7 - 42　油膜厚度监测数据表

时间	有功（MW）	+X（μm）	+Y（μm）
04 月 11 日 21:16:03	700	120.81	131.24
04 月 11 日 21:16:08	700	120.70	130.91
04 月 11 日 21:16:28	700	125.24	127.97
04 月 11 日 21:16:33	700	122.03	130.04
04 月 11 日 21:16:38	700	122.25	129.50
05 月 14 日 11:10:59	690	122.136	127.317
05 月 14 日 11:10:49	690	117.038	127.644
05 月 14 日 11:10:39	690	125.239	128.08
05 月 14 日 11:10:29	690	125.793	130.802
06 月 05 日 00:00:00	640	120.695	132.872
06 月 05 日 02:00:00	639	128.01	133.416
06 月 05 日 04:00:00	640	129.118	131.456
06 月 05 日 06:00:00	639	125.018	134.07
06 月 05 日 10:00:00	639	125.35	135.159
06 月 05 日 12:00:00	639	125.904	126.228
最大值		129.118	135.159
最小值		120.69	126.228
平均值		124.7	131.05

小结：近两个月机组连续运行，油膜监测系统采集数据基本稳定，其 +X 方向平均油膜厚度为 124.7μm，+Y 方向为 131.05μm。

7.23　调速系统控制技术升级研究

1. 现象描述

某电站现有机组调速系统投入运行至今已连续运行超过 10 年以上，其调速系统控制主要面临以下问题：

1）调速器的核心部件均由国外公司生产，因设计时间较早，没有与监控 LCU 一次调频通讯的接口和功能，无法满足机组投入一次调频的要求。

2）现有调速控制系统不能实现机组慢开机策略。

3）调速器的设计中对水机保护考虑不足，没有配置事故配压阀。

4）液压系统控制器使用的 PLC 早已停产多年，无法买到备件。

5）液压系统控制器为单机 PLC 控制器，不支持双机热备。

6）液压系统全部配置大油泵，而电机启停回路没有设计软启动器，对油泵电源系统冲击较大，耗能高，也影响到压油泵电机寿命。

分析当前调速控制系统存在的问题，可在现有调速控制系统的基础上进行技术更新改造，以达到增强设备可靠性、软件稳定性，满足机组安评和《电网运行准则》要求。

2. 分析研究

调速系统控制技术升级研究，主要包括机组调速器及液压系统的电气部分和机械部分，包含以下内容：

- 调速器电气柜（PG1）整体改造。
- 调速器控制柜（PG2）整体改造。
- 压油泵控制柜整体改造。
- 电液转换执行机构换型改造。
- 事故配压阀增设。
- 配套分段关闭阀组。
- 调速器信号采集传感器换型改造。

1）总体要求

调速器采用双套控制器冗余系统。冗余系统中的每一个通道，从输入至输出以及电源，均为相互完全独立，在运行过程中随时将其中一个通道退出而不会影响调速系统的正常工作，且退出的通道可以进行停电检修。

电液转换执行机构选用比例阀 + 步进电机自复中机构相结合构成双套独立的电液转换通道，两个通道相互间完全独立，互为备用，采用切换阀实现通道之间的切换（见图 7 - 198）。

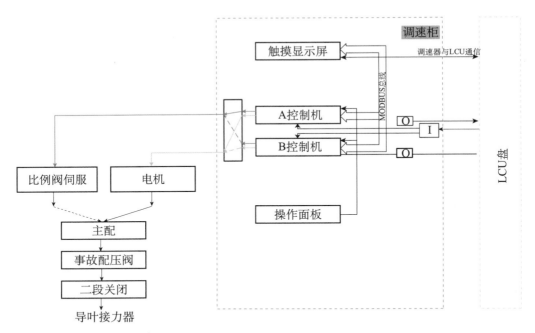

图 7-198　比例阀+步进电机双套独立的电液转换通道

液压系统控制器采用双 PLC 冗余控制，两套 PLC 共用一套信号源，同步进行计算。当主用 PLC 故障时自动切换至备用 PLC 控制液压系统运行，主用 PLC 恢复正常后自动切换至主用 PLC 控制运行。

2）压力损失计算

为了确保调速系统升级研究方案的落实，确保调速系统升级改造工作的顺利开展，需对升级后的系统管道沿程压力损失进行理论复核计算，以满足调速系统对压力的要求。

调速系统升级改造后，将在系统中增设事故配压阀。当出现事故关机动作时，事故配压阀将及时切断调速器的控制油路，直接操作接力器实现快速关机动作。

（1）直通管道沿程压力损失计算

事故停机过程中的最大输油流量：124L/s

此时管道内部的最大流速 V_1：

$$V_1 = q \bigg/ \left(\frac{d}{4.61} \right) = \frac{7440}{1765.5} = 4.21 \, (\text{m/s})$$

管道沿程压力损失计算公式：

$$\sum \Delta p = \lambda \, \frac{l}{d} \times \frac{v^2}{2} \rho \qquad Re = \frac{v^d}{v^0}$$

λ：沿程阻力系数；

l：管道长度（m）；

v：管中的平均流速（m/s）；

ρ：油液密度；

Re：雷诺数；

v^0：工作温度下的油液黏度；

$$Re = \frac{v^d}{v^0} = \frac{4.21 \times 0.1937}{46 \times 10^{-1}} = 17728$$

因：$3000 < Re < 510$

故沿程阻力系数：

$$\lambda = \frac{0.3164}{Re^{0.25}}$$

沿程压力损失：

$$\sum \Delta p_1 = \lambda \frac{l}{d} \times \frac{v^2}{2}\rho = \frac{0.3164}{17728^{0.25}} \times \frac{77}{0.1937} \times \frac{4.21^2}{2} \times \frac{860}{10^6} = 0.083 (\text{MPa})$$

（2）管道弯头局部沿程压力损失计算

调速系统管道中的弯头均采用短半径结构，从压力油罐经过事故配压阀至接力器的输送管道中，等径 90° 弯头 14 件（20d）、等径 45° 弯头 4 件（16d）、等径三通 1 件（20d）、异径三通 2 件（60d）。

以上管件合计的当量长度为：93.9m；

沿程压力损失：

$$\sum \Delta p_2 = \lambda \frac{l}{d} \times \frac{v^2}{2}\rho = \frac{0.3164}{17728^{0.25}} \times \frac{93.9}{0.1937} \times \frac{4.21^2}{2} \times \frac{860}{10^6} = 0.101 (\text{MPa})$$

（3）事故配压阀局部压力损失计算

调速系统增设的事故配压阀将采用插装式结构，阀体的导流通道结构尺寸大、输送行程短；仅在阀芯开口部位存在局部节流效应。

根据流体流动过程中的质量守恒定律，采用流体连续性方程：

$$A_1 \times v_1 = A_2 \times v_2 = A_3 \times v_3 = \cdots = q$$

事故配压阀相关参数：

项目	参数
最小过流面积（mm²）	23864
局部最快流速（m/s）	5.20

液压系统节流公式及液压阀流量系数：

$$q = C_d A \sqrt{2\frac{\Delta p}{\rho}}$$

流量系数：$C_d = 0.60 \sim 0.61$；

$$\sum \Delta p_3 = \lambda \left(\frac{q}{C_d A}\right)^2 \times \frac{\rho}{2} = \left(\frac{0.124}{0.61 \times 0.023864}\right)^2 \times \frac{860}{2 \times 10^6} = 0.03 (\text{MPa})$$

（4）管道综合沿程压力损失计算

$$\sum \Delta p_0 = \sum \Delta p_1 + \sum \Delta p_2 + \sum \Delta p_3 = 0.083 + 0.101 + 0.03 = 0.214(\text{MPa})$$

（5）核算结论

调速系统事故低油压动作值为 5.2MPa，接力器最小关闭压力值为 4.8MPa，压力裕量为 0.4MPa≥0.214MPa（管道沿程压力损失值）。

3）调速控制系统升级方案

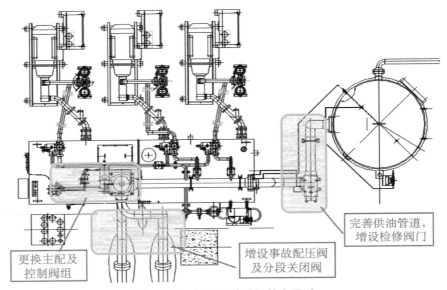

图 7-199　调速系统升级基本原则

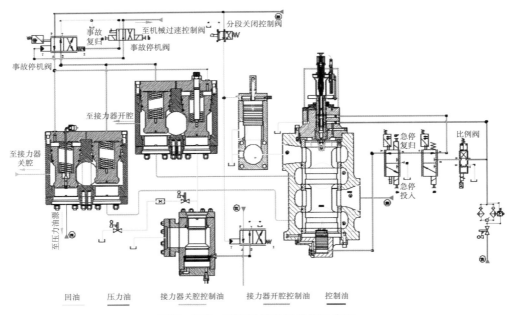

图 7-200　调速系统升级结构示意图

（1）将原主配压阀上端盖进行改进设计替换，将原控制系统阀组更换为步进电机＋比例阀结构形式；在隔离阀与主配压阀之间增设主配压阀前检修球阀。

图 7 -201　现场升级对比图

（2）为满足不同条件下的控制系统使用要求，使得调速控制系统更加人性化，在不改变原主配压阀的前提下，对主配压阀上端盖进行优化升级，增设步进电机等设备，实现纯手动操作功能。经过试验，纯手动操作功能正常，大大增加了现场试验的便利性，最终功能符合设计要求；并实现了调速系统断电后自动切换至纯手动运行模式，保持机组在当前状态下稳定运行。

图 7 -202　原主配端盖优化，增设步进电机

（3）增设事故配压阀，实现机械过速事故停机，在开腔事故配压阀回油管路增设一套分段关闭装置，满足事故停机的三段关闭要求。

图 7－203　升级后增设事故配压阀现场

（4）在开腔事故配压阀回油管路增设一套分段关闭装置，满足事故停机的三段关闭要求。

分段关闭阀结构

图 7－204　分段关闭阀

4）相关试验数据分析

（1）机组三段关闭规律实验

对主配压阀三段关闭曲线进行校验，对事故配压阀的三段关闭进行调节，均满足三段关闭规律要求。

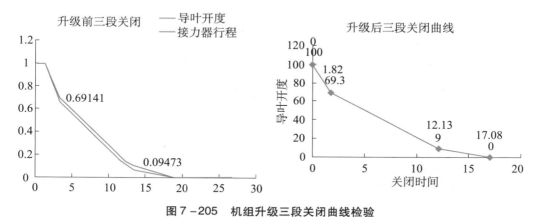

图 7-205　机组升级三段关闭曲线检验

（2）机组稳定运行系统用油量

项目实施中，更换修复后的主配压阀阀芯及衬套，其配合间隙较小，其他新增加的事故配压阀及分段关闭阀，实测静态耗油量非常小，满足设计要求。

通过查看机组开机运行后，稳定运行期间，油泵加载时间间隔由 15min 增加至 120～140min，整个调速器系统液压阀组整体漏油量大大降低，机组稳定性得到提高。

从事故低油压试验的压力曲线来看，系统压力到接力器的压力损失均小于 0.1MPa，系统压力到事故配压阀的压力损失均小于 0.03MPa，达到系统油压与事故配压阀开关腔压差小于 0.4MPa 的设计要求。

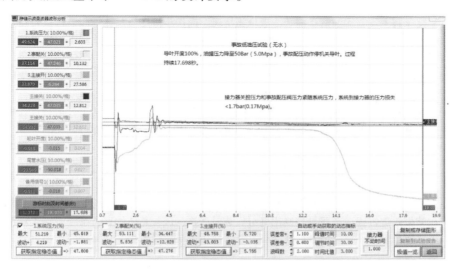

图 7-206　系统压降曲线

（3）机组压力、转速上升值测量

通过对机组甩 100% 负荷以及事故停机过程试验记录来看，机组甩负荷和事故停机过程中各项指标合格：机组振动摆度正常，分段关闭动作正常；蜗壳压力上升115.4%（要求 <150%），转速上升 136.35%（要求 <145%），均满足设计要求。

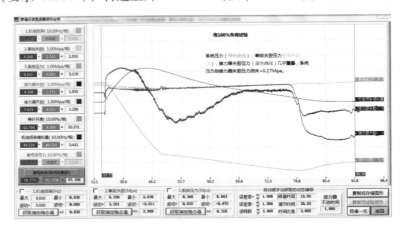

图 7 -207　机组压力、转速上升值测量

3. 研究结论

通过对原机组调速系统控制硬件及软件的升级，在原有基础上进行升级研究，完善其功能，增设相应的阀组模块，从系统设计、设备选型、方案改进、阀组加工控制等各方面来实现对调速系统的升级研究，根据研究及实施情况、后续实验数据来看，升级研究达到了目标，研究取得实质性成果，其运用可以推广实施到其他机组。

表 7 -43　升级后达到的目标

1	主配压阀上端盖无油液渗漏和油液堆积情况，操作步进电机及比例阀进行接力器开关操作，动作正常，反馈正常；事故配压阀及分段关闭阀安装稳固，各阀组动作灵活，无卡阻现象；控制液压管路完好，无渗漏现象。
2	主配机械中位调整：接力器 50% 开度下，往关方向漂移量小于 0.1% 接力器行程/30min，均符合小于 2% 接力器行程/30min 的设计要求。
3	主配压阀更换了修复过的主配衬套和阀芯后，系统静态耗油量非常小；运行过程中，油泵加载时间间隔由 15min 增加至 100～140min，主配性能得到大大提高。
4	大量试验结果表明，系统压力到接力器的压力损失均小于 0.15MPa，系统压力到事故配压阀的压力损失均小于 0.04MPa，满足设计不大于 0.4MPa 的技术要求。
5	对主配压阀三段关闭曲线进行校验，对事故配压阀的三段关闭进行调节，三段规律正常，甩负荷试验也间接验证了分段关闭的合理性，符合设计要求。
6	在整个改造过程中，质量控制比机组安装时严格，试验总体优良，系统管路无渗漏，阀组动作正常无卡涩，信号反馈准确，整个液压系统压降较小，管路阀门振动良好，满足设计要求。

表 7 - 44　升级前后解决的问题

升级前	存在问题	实施方案	升级后	结论
TR10＋ED12 控制系统	不能互为备用，TR10故障率高	采取步进电机＋比例阀	实现热备用，具备纯手动功能	达到互为备用目标
原主配压阀缺陷	衬套划痕较深，耗油量较大	使用修复的配合间隙小的主配备件	动作可靠，耗油量极小，与原主配功能无异	满足要求，提升可靠性
无事故配压阀	一旦出现主配发卡，无法停机，出现飞逸	增设事故配压阀、相应分段关闭阀及相应控制阀组	实现事故停机保护，避免机组事故时飞逸出现	增加机组安全可靠性，增加机组保护，达到设计目标
接力器操作方式	原系统不具备纯手动开关导叶功能，一旦控制系统失电则系统失控	改进主配压阀上端盖结构，并配合步进电机与引导阀连接	实现纯手动操作接力器开关，并实现系统掉电后确保机组按当前状态运行	达到手动功能，并增强机组事故稳定运行功能
控制油系统	原控制油取自主配压阀前主供油管路，随操作油同时投入，无法确保控制阀组先于接力器动作前恢复	将控制油取油位置独立设置在压油罐出口，并设置独立阀门和过滤器	实现了控制油系统的独立性，在实际操作中可将所有控制组件先于投入，确保液压阀组状态正常	消除隐患，提升可靠性，达到目标
主配压阀前无隔离球阀	在升压过程中出现接力器往关方向动作，存在锁定顶弯和活塞杆刮擦风险	在主配压阀前增设隔离手动球阀	系统升压过程中将主配压阀和接力器隔离，避免了升压过程中接力器动作的风险	大大降低升压风险，增加防护隔离措施，便于现场维护检修

7.24　巨型混流式机组 700Hz 振动研究

1. 现象描述

2011 年 7 月，某机组启动试验进行到带励磁阶段时，发现有异常啸叫声，通过现场观察和分析试验数据，判定噪声来自风洞，主频率为 700Hz。随后通过增补加速度传感器，对机组进行了全方位的检测，最后确认振源来自定子铁芯。由于水轮发电机 700Hz 振动在国内属于首次发现，对此进行了针对性的实验研究，进一步查找原因并提出整改意见。

2. 分析研究

1）本机组 700Hz 振动相关情况

2011 年 7 月机组在并网及带负荷试验中，发现风洞及发电机机头处有异常刺耳的啸叫声，同时感觉风洞内噪声过高。通过对噪声传感器的信号分析，发现机组在空转时的噪声中并没有 700Hz 成分，但在并网后噪声主频变为 700Hz，且幅值随负荷的增加而增加。

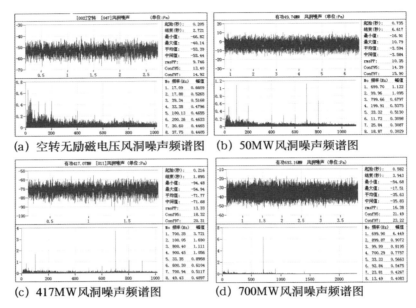

(a) 空转无励磁电压风洞噪声频谱图　　(b) 50MW风洞噪声频谱图

(c) 417MW风洞噪声频谱图　　(d) 700MW风洞噪声频谱图

图 7-208　机组启动阶段噪声信号频谱图

启动试验时传感器的布置是按照常规设置的，并没有安装用于监测高频振动的加速度传感器，随后紧急增补加速度传感器进行了安装，对铁芯、母线、纯水环管等多个部位进行监测。通过对比分析后发现，铁芯的振动幅值明显高于母线、纯水环管等部件，最后确认振源来自定子铁芯。

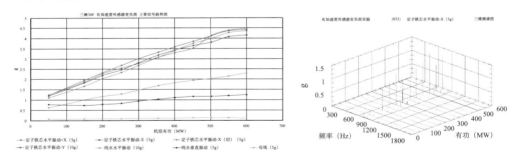

图 7-209(a)　变负荷试验主要加速度信号趋势图　　图 7-209(b)　定子铁芯水平振动三维频谱图

通过分析变负荷试验中定子铁芯水平振动发现，振动幅值随负荷的增加而增加，在最大试验负荷 600MW 时峰峰值达到 4.5g，振动的频率成分主频为 700Hz，次频为 800Hz，但比重很小，700Hz 幅值随负荷的增加而增加。

为了进一步找到原因，随后进行了空载下的变转速试验。具体工况为空载 91.3%、96%、100% 和 104% 转速。

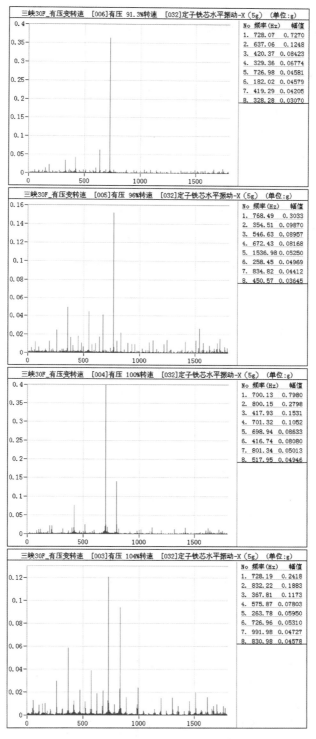

图 7-210　不同转速下定子铁芯中部水平振动频谱图

分析铁芯中部水平振动频谱图可以看出，额定转速下700Hz的振动频率在其他转速下变成$700 \times n/n_e$，与此对应的800Hz的振动频率变成了$800 \times n/n_e$，同时幅值也发生了变化。

2）本机组与同型号机组A、机组B对比试验

由于其他同机型机组电气设计基本一样，接着进行了对比试验，选择同类型的机组A和机组B测量了铁芯中部的水平振动。

表7-45　机组A、机组B、本机组铁芯中部水平振动幅值及主频表

	机组A（660MW）			机组B（680MW）			本机组（610MW）		
	峰峰值	主频（Hz）	幅值	峰峰值	主频（Hz）	幅值	峰峰值	主频（Hz）	幅值
一号加速度	1.09g	700	0.51μm	1.38g	700	0.66μm	4.53g	700	2.35μm
二号加速度	1.08g	700	0.49μm	1.41g	700	0.67μm	4.51g	700	2.32μm

试验数据显示，其他两台机组铁芯也存在700Hz振动，但振动幅值均不到1.5g，小于本机组的4.5g。

振源分析：

通过启动阶段的相关试验，可以发现机组在空转无励磁时没有产生700Hz和800Hz的振动，在加励磁后才出现，且振动随着负载电流的增加而增强。因此可确认为电磁激振力引起的电磁振动。另外，同型号的机组A、机组B也同样存在700Hz的振动，而其电气设计完全一样，由此可以判定定子铁芯700Hz振动应该是由设计原理引起的，而非安装缺陷。

机组的槽数为630，极对数为42，是由42个单元电机组成。每个单元电机槽数$z=15$，极对数$p=1$。分析时应先采用单元电机进行分析，再还原到整机。

由于电机气隙中任何两个磁场波间都会产生电磁力波，所以电机中电磁力的频率成分极其丰富，转子和定子磁势的高次谐波间产生的电磁力的频率成分，证实在空载和负载工况下均有700Hz和800Hz的电磁振动源，节点对数为42，700Hz电磁振动力波为反转力波，800Hz电磁振动力波为正转力波。

振幅分析：

由于同型号机组A、机组B的700Hz振动幅值在650MW时都不超过1.5g，以至于在本机组启动前都没有注意到该振动的存在。通过空载变转速试验，发现机组在100%额定转速时通频峰峰值出现最大值，推测此工况下发电机可能存在共振现象。

当一个结构体成型时，它本身产生振动的频率是固定的，也就是当它受到外界一个突发力的作用后，将按照一个固定的频率振动，这一频率称为固有频率。当结构体在一定频率的外力作用下振动时，称为受迫振动，此时结构体的振动频率为外力的频率，当外力的频率与结构体的固有频率相同时，振动幅值将达到最大值，也就是发生的共振。

　　测量机械系统的固有频率一般采用两种方法：自由振动法和强迫振动法。自由振动法通常采取两个途径，一是初位移法，即在机械系统上加一个力，使系统产生一个初位移，然后突然把力卸掉，机械系统受到突然释放，便开始做自由振动；第二种是敲击法，即用榔头敲击机械系统，使其产生自由振动。如果榔头敲击系统的时间足够短，那么系统实际上是受到作用力 P 的冲量的作用，也就是冲击脉冲的作用。通过频谱分析可以看出，一个冲击脉冲包括了从零到无限大的所有频率的能量，并且它的频率谱是连续的，但只有在与机械系统的固有频率相同时，相应的频率分量才对机械系统起作用。由于较高阶的自由振动衰减较快，所以通常用自由振动法测量机械系统的最低阶固有频率。强迫振动法是利用共振的特点来测量机械系统的固有频谱，其关键是产生一个可以调节频率的振动源。当振动源的频率和系统的固有频率一致时，系统将产生共振，振动幅值将达到最大值，从而确定系统的固有频率。

　　本机组主要的问题是查找 700Hz 附近的固有频率，由于发电机定子过于庞大，故不适合采用自由振动法。通过前面的振源分析，机组在额定转速下带励磁后，会产生频率分别为 700Hz 和 800Hz 的两个电磁激振力，如果励磁条件不变同时改变机组的转速，电磁激振力的频率按照下式变化：

　　第一个电磁激振力：$H_1 = 700 \times n/n_e$

　　第二个电磁激振力：$H_2 = 800 \times n/n_e$

　　所以通过空载变转速，其实就是获得不同的激振频率，使用强迫振动法来确定发电机定子的固有频率。

　　通过上面的分析，为了进一步掌握此类型机组的特征，再次增补两个试验，一个是测试电磁振动力波的节点对数，另一个是精确测定右岸机组 A、机组 B 发电机定子的固有频率。

　　测试电磁振动力波的节点对数，先要在铁芯的中部外圆周上布置 4 个传感器，其位置如图 7 - 211 所示。1、2 和 2、3 传感器间的距离为 1/168 外圆周长，1、4 传感器间的距离为 1/42 外圆周长。传感器 1 对应于 42 对节点中一对节点的起点，传感器 4 对应于一对节点的终点，电磁力波相位差应为 360°，传感器 1、2 和 2、3 间的相位差应为 90°。

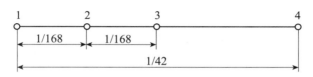

图 7 - 211　1~4 号加速度传感器布置示意图

3）机组 C 固有频率及 700Hz 振动对比试验

　　通过前期机组 A、机组 B 和本机组的铁芯振动的对比试验，并结合理论分析，初步认定相同机型不同的机组铁芯固有频率可能存在差异，为了弄清两组机组的固有频率同时验证电磁振动力波的节点对数，我们对机组 C 和本机组进行了相关对比试验。

机组 C 带励磁变转速的试验结果如图 7 - 212 所示。从趋势图上看，定子铁芯水平振动在转速为 66. 09 ~ 66. 16rpm 时出现最大幅值。从铁芯水平振动频谱图上可以看出，在转速为 66. 09 ~ 66. 16rpm 时，铁芯的主要振动频率为 648 ~ 649Hz，故可认为机组 C 的固有频率为 648 ~ 649Hz。

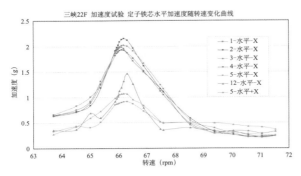 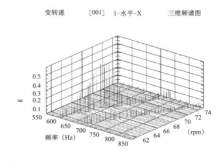

图 7 - 212(a)　机组 C 变转速加速度趋势图　　图 7 - 212(b)　变转速加速度三维频谱图

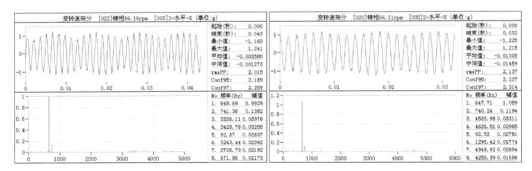

图 7 - 213(a)　机组 C 变转速试验　编号 3　　图 7 - 213(b)　机组 C 变转速试验　编号 2
铁芯水平加速度传感器峰值工况频谱图　　铁芯水平加速度传感器峰值工况频谱图

电磁振动力波节点对数的测量结果如表 7 - 46 及图 7 - 214 所示。试验结果表明，传感器 1、2 和 2、3 间的相位差基本为 90°，传感器 1、4 间的相位差基本为 360°，故推定电磁振动力波的节点对数是 42 对。

表 7 - 46　600MW1~4 号传感器频谱表

通道名称	主频率（Hz）	幅值（g）	相位（°）	相位差（°）
1 - 水平 - X	699. 27	0. 33	155. 48	
2 - 水平 - X	699. 27	0. 29	59. 07	96. 41（1 号 ~ 2 号）
3 - 水平 - X	699. 27	0. 37	336. 12	82. 94（2 号 ~ 3 号）
4 - 水平 - X	699. 27	0. 37	145. 34	10. 14（1 号 ~ 4 号）

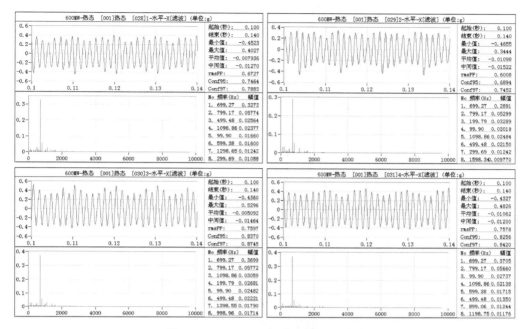

图 7 -214　1~4 号加速度信号频谱图

机组 C 带 600MW 负荷热稳定的振动变化曲线如图 7 -215 所示。试验表明，热稳定过程中各测点振动幅值变化不大；在整个热稳定过程中，各测点加速度均小于 1g；托块的振动幅值始终小于定子铁芯且热稳定过程中变化也不是很大。

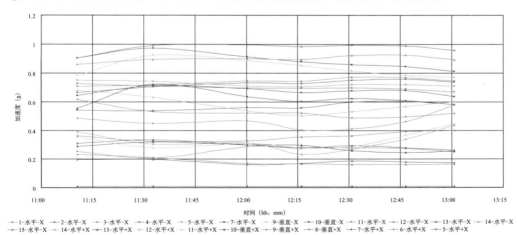

图 7 -215　机组 C 热稳定试验加速度趋势图

本机组带励磁变转速的试验结果如图 7 -216 所示：

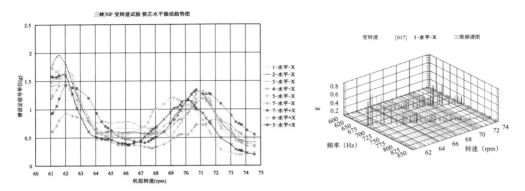

图7-216(a)　本机组变转速加速度趋势图　　图7-216(b)　变转速加速度三维频谱图

从变转速趋势图上看,在转速62rpm左右和71rpm左右处振动幅值出现两个峰值;由理论分析和振动频率图中可以看到,在有压变转速下其实有两个激振源:额定转速下一个为700Hz,一个为800Hz。在86%~105%变转速工况下,第一个激振源的频率由602Hz变化到735Hz,第二个激振源的频率由688Hz变化到840Hz。由于励磁电压恒定不变,故可以认为激振力的幅值恒定。因此本次试验可以在602~840Hz之间确定铁芯的固有频率。通过分析频谱可以发现,机组在转速为62rpm和71rpm两处的振动主频都是700Hz左右,转速62rpm时的700Hz振动主频是额定工况800Hz激振源降转速后形成的。机组在运行3个小时后,再次重复做了空载变转速试验,以确定热态时的固有频率,通过综合各路信号,最后确定冷态时机组的固有频率为694~697Hz,热态时固有频率为694Hz,略有一点下降。

通过机组C和本机组试验对比,我们发现两台机组都含有700Hz的激振力,但本机组的振动幅值是机组C的4倍多。原因是本机组固有频率为694~697Hz,和激振力频率非常接近从而产生了共振,而机组C的固有频率为648~649Hz,基本避开了共振。另外,本机组热态固有频率略小于冷态固有频率,原因可能是热膨胀使得机组结构更加紧固。

4)针对本机组的整改措施及试验结果分析

由于对比试验的两台机组的结构、材质在设计要求上基本一致,初步判定可能是铁芯叠片压紧力不够或者矽钢片平整度不好等降低了总体刚度,从而改变了固有频率。为了降低本机组铁芯的固有频率使其远离共振区,先后进行了两项整改,第一项是增加定子铁芯压紧力至110%额定压力值,第二项是在定子机座的下挡风板上加强支撑。

定子铁芯额定压紧力为1.7MPa,螺杆的拉紧力约为123kN,螺杆的伸长量约为6.3mm。

将定子铁芯压紧力增至110%额定压力后,定子铁芯压紧力增加到1.87MPa,螺杆的拉紧力约为135kN,螺杆的伸长量约为6.9~7mm。调整后发电机定子的固有频率从 694～697Hz 降至 682～687Hz。铁芯中部水平振动幅值在负荷 600MW 励磁电流 2700A 工况下从原来的平均 4.7g 降到 3.35g。

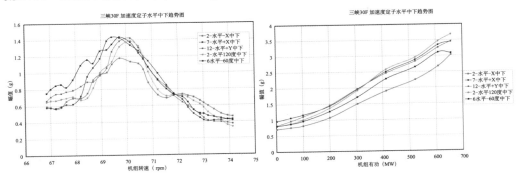

图7-217(a)　压紧力调整后变转速趋势图　图7-217(b)　压紧力调整后振动趋势图

为了进一步降低固有频率，又加固了定子机座下挡风板，即在下挡风板与定子机座下环板之间增加支撑。定子机座下挡风板加固后，700Hz 噪声在空载带励磁情况下已消失，在 200MW 负荷后才出现。固有频率降至 676～680Hz 之间，在负荷 600MW、励磁电流 2700A 工况下，铁芯中部水平振动幅值降到平均 2.5g（冷态）。

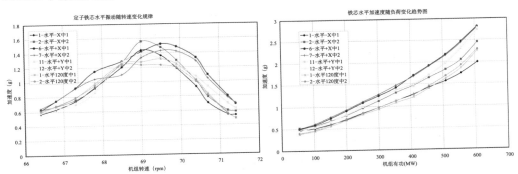

图7-218(a)　下挡风板加固后变转速趋势图　图7-218(b)　下挡风板加固后振动趋势图

从试验数据看，本机组的两次整改对减小固有频率、降低振动幅值的效果还是比较明显的，说明前期对铁芯叠片压紧力不够或者矽钢片平整度不好降低了总体刚度的预判是对的。另外，由于机组的固有频率没有降低到其他同类型机组的水平，导致振动幅值偏高，说明铁芯整体刚度还是偏低，仅靠增加螺杆拉紧力不能完全解决矽钢片平整度和各层间的紧密度问题。

3. 研究结论

通过分析研究得知，同类型机组都存在 700Hz 和 800Hz 的电磁振动，要彻底消除这种振动必须从电气设计上考虑，但这个方案难度很大。另外，从同类型机组的运行情况看，只要避开共振区，机组还是安全的。避开共振区也就是要设法改变发电机（定子铁芯）的固有频率，使其远离激振频率。固有频率的大小取决于材料的弹性模量和质量，而对于结构体来说它的等效弹性模量取决于结构体中各材料的弹性模量、几何形状及约束条件等。了解到相同类型机组结构基本没变、材料也相同，那么引起两组机组固有频率不同的最大原因可能就是约束条件的不同，如安装松紧度、矽钢片的平整度等。后期同型号机组安装时对拉紧螺钉预紧力的调整也证实了叠片的松紧度对固有频率有较大影响。

从目前的情况看，采取有效措施避开共振区是解决当前巨型机组 700Hz 振动最经济有效的方法，同样在相同类型机组的设计安装阶段，要重点关注铁芯的安装质量控制，避免出现 700Hz 电磁振动情况。

7.25 机组推力瓦油膜厚度与高压油减载系统压力关系研究

1. 现象描述

巨型混流式机组一般采取金属推力瓦，在推力瓦上设高压油系统，在机组开机以及停机过程中，投入高压油系统，以确保机组开机时推力瓦与镜板之间形成油膜，在机组停机过程中确保机组低转速状态下推力瓦油膜满足要求。高压油系统运行整定了油压定值，当高压油系统管路压力低于整定值时，进行油泵的切换并报警。在当前投入运行的巨型混流式机组中，某机组在停机过程中压力未能达到整定值，出现压力报警现象，并且经过多次检查，系统管路、推力瓦出油等均未发现异常，因此需要对高压油系统压力与油膜之间的关系做系统研究，以掌握高压油压力值与机组运行安全规律。

2. 分析研究

为了全面了解推力瓦油膜与系统压力之间的关系，我们主要从实际出发，从停机状态及运行状态两种方向进行分析研究，指导机组运行和维护。

1）机组停机状态下，统计同机型不同机组高压油压力与油膜之间的关系

设置高压油系统压力报警值，目的是为了确保高压油投入过程中油膜厚度满足设计要求，为了掌握机组推力瓦油膜厚度随高压油系统压力变化的规律，为机组高压油减载系统压力调整定值提供相应的数据依据，同时也对不同机型机组高压油减载系统压力随机组转速变化规律进行统计分析。主要分以下两部分内容：

● 选择三台同类型机组进行试验，测量机组在停机状态下推力瓦油膜厚度随高压油减载系统压力变化的关系。

● 统计分析不同机型机组高压油减载系统压力随机组转速变化而变化的规律。

（1）试验步骤及方法

①停机状态下，测量机组镜板油膜厚度随高压油减载系统压力变化的关系。

②停机后对高压油减载系统中安全阀、溢流阀、单向阀进行检查，确保各油泵出口压力表正常。

③在机组停机不排水、风闸投入状态下，在下机架推力轴承接触式密封盖板上 +Y、+X、-Y、-X 四个方向分别架设 4 块百分表，磁力表座吸附在盖板上，表针指向转子中心体。

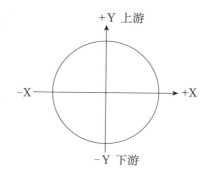

图 7 -219　百分表架设位置

④试验前分别启动压油泵，记录下正常运行时溢流阀溢流压力值。

⑤调节溢流阀溢流压力，按照每 2MPa 一个步长设定溢流压力，并于试验前对四个方向 +Y、+X、-Y、-X 百分表进行清零。

⑥然后分别启动 1#、2#油泵，并记录下压油泵出口的压力和四个方向百分表读数值（1300Psi≈9MPa）。

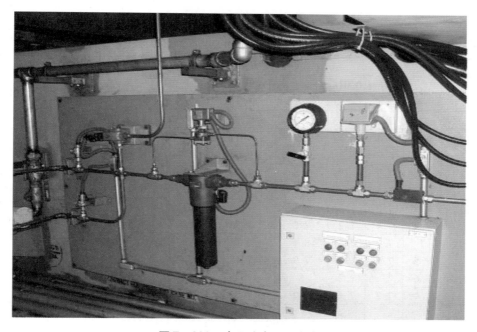

图 7 -220　高压油出口压力表

⑦试验完毕后，恢复溢流阀至试验前设定压力值，将所有试验数据汇总，形成

不同机型油膜厚度与高压油压力变化表，并总结机组停机状态下推力轴承最大油膜厚度。

（2）试验结果

表 7 - 47　A 机组高压油压力及油膜厚度

A 机组高压油压力及油膜厚度								
单位：0.01mm						单位：MPa		
	+ X	+ Y	- X	- Y	平均值	油泵	支管压力	总管压力	机组状态
第一次	11	11.8	15	11	12.20	1#	8.4	8.3	蜗壳有水；转子落下；风闸投入；
第二次	6	6.5	6.5	7	6.50	1#	6.1	6	
	6	6.5	6	7	6.38	2#	6	6	
第三次	7	7.5	7	8	7.38	1#	7	7	
	7	7.5	6.5	7.2	7.05	2#	6.9	6.9	
第四次	7	7.5	7	8	7.38	1#	7.6	7.5	
	7	7.5	7	8	7.38	2#	7.5	7.5	
第五次	7	7.5	7	8	7.38	1#	8	7.9	
	7.5	7.5	7	8	7.50	2#	7.9	7.9	
第六次	7.5	7	7	8	7.38	1#	8.4	8.3	
	7.5	7	7.5	8	7.50	2#	8.3	8.3	
第七次						1#	5	4.9	转子顶起 5mm
						2#	4.9	4.9	

表 7 - 48　B 机组高压油压力及油膜厚度

B 机组高压油压力及油膜厚度								
单位：0.01mm						单位：MPa		
	+ X	+ Y	- X	- Y	平均值	油泵	支管压力	总管压力	机组状态
第一次	11	12.5	14	11.8	12.33	1#	8.5	8.5	蜗壳有水；转子落下；风闸投入；
第二次	6.1	6.4	6.5	6.9	6.48	1#	6.2	6.1	
	6.3	6.7	6.3	7.1	6.60	2#	6.1	6.1	
第三次	7	7.4	7	7.8	7.30	1#	7.2	7.1	
	7	7.5	6.8	7.4	7.18	2#	6.9	6.9	
第四次	7.2	7.5	7.3	8.1	7.53	1#	7.4	7.4	
	7.3	7.4	7.2	8.2	7.53	2#	7.5	7.5	
第五次	7	7.7	7.5	8.1	7.58	1#	8	7.9	
	7.5	7.5	7	7.9	7.48	2#	7.9	7.9	
第六次	7.6	7	7.2	8	7.45	1#	8.5	8.4	
	7.4	7.2	7.4	8.2	7.55	2#	8.4	8.4	
第七次						1#	5.2	5.1	转子顶起 5mm
						2#	5.1	5.1	

表 7 - 49　C 机组高压油压力及油膜厚度

C 机组高压油压力及油膜厚度								
	单位：0.01mm					单位：MPa		
	+ X	+ Y	- X	- Y	平均值	油泵	支管压力	总管压力	机组状态
第一次	11	9.5	9	10.5	10	1#	8.6	8.4	
第二次	5.5	4.5	5	5.5	5.13	1#	6.1	6	
	5.1	5	5	5.8	5.23	2#	6.1	6	
第三次	7	7.1	7	7.5	7.15	1#	7.3	7	蜗壳有
	7	7.1	6.9	7.5	7.13	2#	7.1	7	水；转
第四次	7.1	8	7.1	8	7.55	1#	7.8	7.5	子落下；
	7.1	8	7.1	7	7.30	2#	7.6	7.5	风闸投
第五次	8.7	8.6	7.5	9.5	8.58	1#	8.3	8	入；
	8.1	8.2	7.5	9	8.20	2#	8.1	8	
第六次	9.2	9	8	10	9.05	1#	8.8	8.4	
	8.2	10	8	10.5	9.18	2#	8.5	8.4	
第七次						1#	4.5	4.1	转子顶
						2#	4.2	4.1	起 5mm

（3）试验结论

每台机组首次测量的数据均为该机组真实的推力瓦油膜厚度，而后续测量数据因瓦面油液压出的速度缓慢，所以反映的是推力瓦油膜厚度的相对值，A、B、C 机组在高压油压力 8.5MPa 左右时，推力瓦油膜厚度分别为 0.122mm、0.123mm、0.10mm。

第七次读数为顶起转子状态下的数值，用于测量高压油系统管阻，从三台机组管阻 4.9MPa、5.1MPa、4.1MPa 可知，C 机组高压油减载系统的管阻要比 A、B 机组分别低 0.8MPa、1.0MPa，说明 C 机组节流阀孔径应比 A、B 机组略大。

不考虑首次测量的数据，汇总出三台机组油膜厚度表（见表 7 - 50），A、B 机组高压油压力在 7.5MPa 左右，油膜厚度趋近稳定，但 C 机组仍未稳定。

表 7 - 50　三台机组油膜厚度相对值汇总表

三台机组油膜厚度相对值汇总表						
A	高压油压力（MPa）	6.1	6.9	7.5	7.9	8.4
	油膜厚度（道）	6.5	7.05	7.38	7.5	7.5
B	高压油压力（MPa）	6.1	6.9	7.5	7.9	8.5
	油膜厚度（道）	6.6 .	7.18	7.53	7.48	7.45
C	高压油压力（MPa）	6.1	7.1	7.6	7.8	8.3
	油膜厚度（道）	5.13	7.13	7.3	7.55	8.5

2）运行状态下，统计不同机型机组高压油减载系统压力随机组转速变化规律

（1）试验方法

从监控趋势分析系统中调取不同机型机组开机、停机过程中高压油减载系统压力与机组转速变化关系曲线，总结其运行规律，其中包含机型 1、机型 2、机型 3、机型 4、机型 5 共 5 种机型。

（2）试验结果

表 7-51　机组开机过程中转速与高压油压力变化表

转速（r/min）	机组开机过程中高压油减载压力（MPa）				
	机型 1	机型 2	机型 3	机型 4	机型 5
0	9.0	9.7	11	11	11.4
10% nr	8.5	9.7	9.9	10.1	10.3
30% nr	7.9	9.6	9.2	9.1	10.2
50% nr	8.0	9.5	9.4	8.9	10.2
70% nr	8.1	9.0	9.3	8.4	9.0
90% nr	8.1	8.5	9.2	8.3	9.0

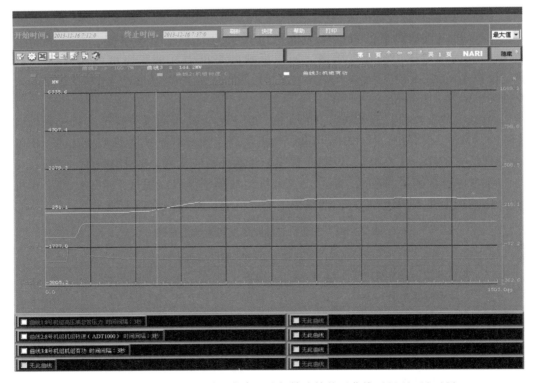

图 7-221　机型 1 开机过程中高压油与转速的关系曲线（2013.12.16）

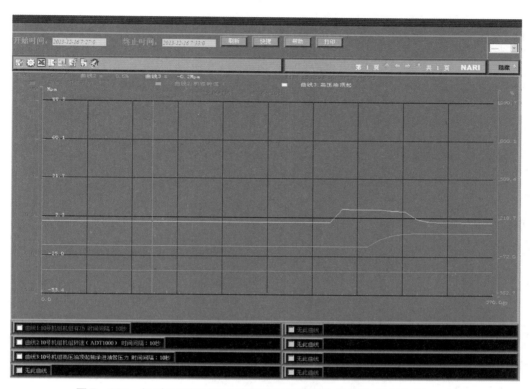

图 7 –222　机型 2 开机过程中高压油与转速的关系曲线（2013.12.16）

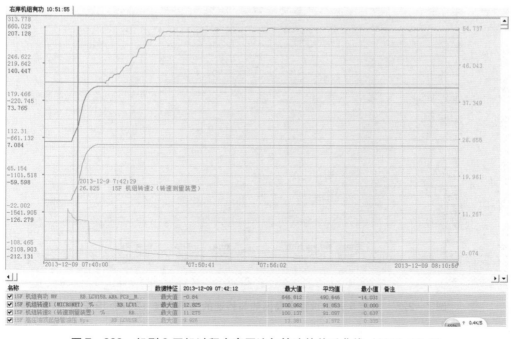

图 7 –223　机型 3 开机过程中高压油与转速的关系曲线（2013.12.9）

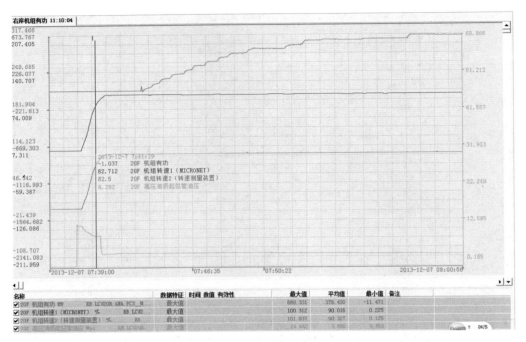

图 7 –224　机型 4 开机过程中高压油与转速的关系曲线（2013.12.7）

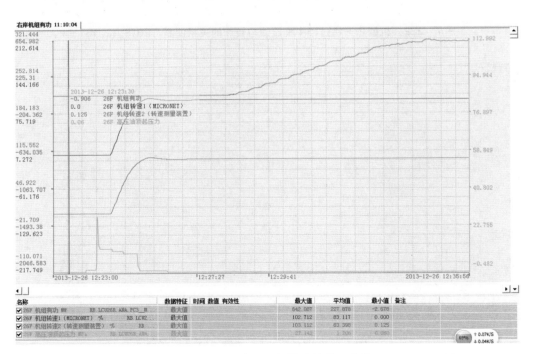

图 7 –225　机型 5 开机过程中高压油与转速的关系曲线（2013.12.26）

表 7 –52　机组停机过程中转速与高压油压力变化表

转速（r/min）	机组停机过程中高压油减载压力				
	机型 1	机型 2	机型 3	机型 4	机型 5
90% nr	7. 8	9. 3	9. 3	9. 7	10. 1
70% nr	7. 7	9. 2	9. 2	9. 6	10. 2
50% nr	7. 6	9. 1	9. 0	10. 1	13. 1
30% nr	7. 7	9. 5	9. 3	10. 8	13. 0
10% nr	7. 9	10. 2	9. 9	11. 5	13. 0
0	8. 0	11	10. 7	12. 5	13. 0

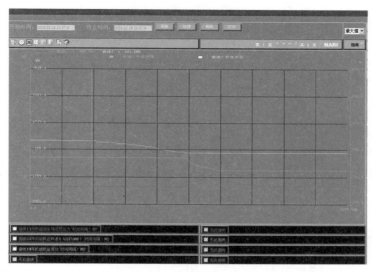

图 7 –226　机型 1 停机过程中高压油与转速的关系曲线（2013. 12. 16）

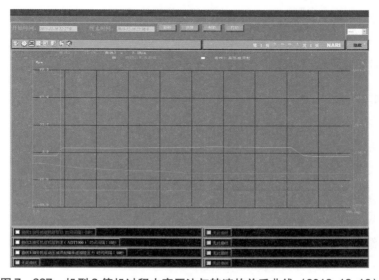

图 7 –227　机型 2 停机过程中高压油与转速的关系曲线（2013. 12. 16）

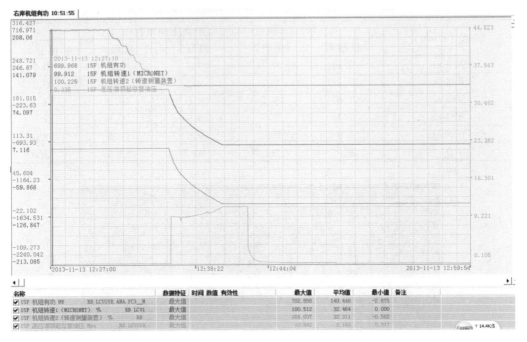

图 7 −228　机型 3 停机过程中高压油与转速的关系曲线 （2013.11.13）

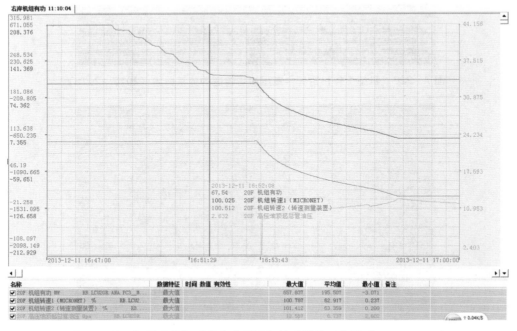

图 7 −229　机型 4 停机过程中高压油与转速的关系曲线 （2013.12.11）

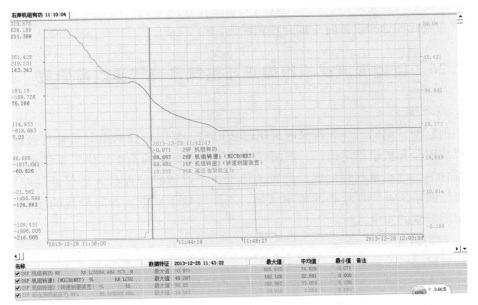

图 7 - 230　机型 5 停机过程中高压油与转速的关系曲线（2013.12.28）

（3）试验结果

开机过程中，五种机型高压油减载压力随转速从 0% 升至 90%，处于缓慢下降趋势，其中 VGS 从 9.0MPa→8.1MPa、左 AH 从 9.7MPa→8.5MPa、东电从 11MPa→9.2MPa、右 AH 从 11MPa→8.3MPa、哈电从 11.4MPa→9.0MPa。

停机过程中，机型 1～3 机组高压油减载压力随转速从 90% 降至 0%，处于先降低再升高趋势，而机型 4、5 机组直接升高，其中机型 4 从 9.7MPa→12.5MPa、机型 5 从 10.1MPa→13.0MPa。

3. 研究结论

根据上述试验数据，我们得出以下规律：

● 机组高压油在接近一定压力值时，其油膜厚度趋于稳定。从实验数据来看，推力瓦油膜厚度基本大于 100μm（A 机组为 122μm，B 机组 123.3μm，C 机组 100μm）。

● 对于相同机型的 A、B、C 三个机组，其高压油压力大于 7.5MPa 左右时，油膜厚度趋近稳定，满足系统要求。

● 开机过程中，五种机型高压油减载压力随转速从 0% 升至 90%，处于先升高后缓慢下降趋势，并最终趋于一个稳定值。

● 停机过程中，机型 1～3 高压油减载压力随转速从 90% 降至 0%，处于先降低再升高趋势，而机型 4、5 随着转速下降缓慢上升，表明机组高压油压力对于不同机型存在不同的变化规律。

通过以上研究得出的规律，可以作为我们对系统运行中高压油压力整定的依据，也有利于我们对设备维护过程中出现压力报警现象的处理，同时可帮助设计院、主机厂家在设计和选择设备时更加合理和优化。

7.26 巨型混流式机组微正压供气系统气源改善研究

1. 现象描述

当前巨型机组的母线大都采取封闭母线形式，封闭母线的供气质量直接影响到机组母线安全和机组稳定运行。当前巨型机组封闭母线的微正压供气系统近年来出现气源含油、含水量超标问题，配置的冷干机、过滤器等设备无法保证气源质量，导致母线微正压补气现地柜故障率增加，不能有效干燥进入封闭母线的压缩空气，影响封闭母线的安全运行。

2. 分析研究

针对封闭母线微正压补气现地柜故障原因，调查空气处理设备并进行现场分析。通过详细的分析研究，找出了一些问题并提出了针对性的处理方案，具体如下：

1）气源含油问题及解决方案

由于油润滑螺杆式空压机在工作当中，润滑油与空气直接接触，因此其生产的压缩空气含油，含油量一般为 3ppm 左右。当冷冻式干燥机或除油过滤器发生故障时，系统中压缩空气直接进入机组微正压现地控制柜中，使封闭母线补气柜内干燥塔分子筛遇油后失去干燥除水功能，导致含油、含水气体进入封闭母线内，影响封闭母线安全运行。

图 7-231 微正压补气柜内吸附剂失效造成干燥塔堵塞

针对气源含油导致微正压补气柜内吸附剂遇油失效的问题，在储气罐与冷干机之间加装一套三级精密除油过滤器，两套除油过滤器串联运行，除油效果良好。

图 7 –232（a）　加装三级精密过滤器　　　图 7 –232（b）　运行半年 P 级滤芯滤油情况

2）气源含水问题及解决方案

近年来检查发现微正压控制柜进口端配备的气水分离器积水严重，且无自动排水装置，导致管道积水无法排出，影响微正压控制柜干燥效果，建议所有微正压控制柜内的气水分离器加装自动排水装置。

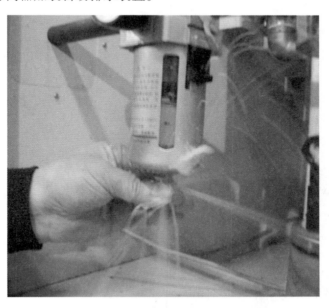

图 7 –233　微正压现地控制柜进口气水分离器大量积水

微正压供气系统气源端现有干燥装置主要为冷干机、精密过滤器，与封闭母线控制柜的进气要求对比如表 7 –53。

表7-53　封闭母线气源要求与冷冻式干燥机参数对比

	露点温度（常压）	温度	含油量	含尘直径
封闭母线控制柜气源要求	< -10℃	<50℃	<15ppm	<50μm
现有设备参数	-30℃ （冷干机）	0~40℃ （环境温度）	<0.1ppm （精密过滤器）	<50μm （精密过滤器）

　　由以上数据对比可以看出，现有冷干机满足设计要求，但实际使用中效果并不理想，分析主要原因为冷干机故障率高，且无报警或自动倒换设置，当冷干机发生故障无法正常干燥时会导致未经处理的压缩空气直接进入微正压控制柜。

　　解决方案：加装吸附式干燥机替代冷干机。吸附式干燥机是利用吸附剂的吸附功能将水分吸附在吸附剂的表面，当表面吸附饱和后，通过消耗一部分热能或空气能将吸附剂表面的水分吹扫带到大气中，使吸附剂再生恢复吸附功能。根据再生方式不同，可分为无热再生、微热再生和有热再生。一般来说可以使出口压缩空气的压力露点温度达到-20~-70℃，具有干燥效果好、处理量大、操作维护方便（PLC控制）等优势，现已普遍应用于油漆喷涂等对空气质量要求较高的行业。

　　吸附式干燥机干燥效果更好，处理量大，且两个干燥塔互相切换使用，不会出现未经处理的压缩空气直接进入用户的情况，能够有效替代现有冷干机，提升气源质量。

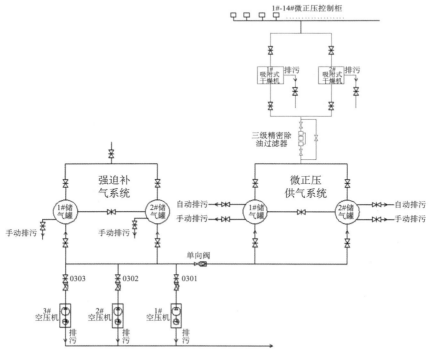

图7-234　改造后微正压供气系统图

3）气源质量及设备状态监测问题及解决方案

冷干机故障率高，且无在线监测报警装置。当冷干机出现故障时，未经处理的压缩空气将直接进入微正压现地控制柜，使微正压现地控制柜超负荷运行。

解决方案：增加一套在线气源露点监测装置，监测气源质量。监测点为吸附式干燥机出口，露点监测范围 −60~60℃，监测数据可通过吸附式干燥机现地控制面板查询。

（1）吸附式干燥机性能干扰因素

影响因素一：吸附剂材料

在同样吸附条件下，不同吸附剂的吸附容量和吸附后的干燥度各不相同。表7-54 给出了常温下不同吸附剂的干燥效能。

表 7 −54　常温下不同吸附剂的干燥效能

吸附剂	当 T = 293K 时对水的吸附容量（%）			气体的干燥度（露点）（℃）	
	静吸附 Φ = 1	静吸附 Φ = 0.8	设计值 Φ = 0.8	极限	在工业装置上
硅胶（细孔）	≤35	25	4~6	−60	−52
活性氧化铝	≤20	9	4~6	−64	−55
分子筛 NaX	22	16	10	−90	−70
分子筛 NaA	20	14	8	−90	−70

应对策略：采购合格吸附剂产品，并定期更换。

影响因素二：进气温度

进入干燥机的压缩气体为饱和或过饱和湿空气。表7-55 为不同压力、温度下空气的含水量。从表中可以看出，同等压力条件下，温度每升高5℃，饱和含湿量增加30%左右。此外，吸附剂的吸附能力也随着气体温度的升高而降低。因此，要尽可能降低进气温度。

表 7 −55　压缩空气的饱和含湿量（g/kg）

温度（℃）	压缩空气压力 MPa						
	0.4	0.5	0.6	0.7	0.8	0.9	1.0
20	3.6554	2.9209	2.4322	2.0835	1.8223	1.6193	1.4570
25	4.9703	3.9699	3.3047	2.8305	2.4753	2.1993	1.9786
30	6.6540	5.3209	4.7278	3.7914	3.3149	2.9449	2.6491
35	8.8780	7.0822	5.8907	5.0423	4.4076	3.9147	3.5211
40	11.684	9.3118	7.7406	6.6230	5.7874	5.1391	4.6213
45	15.284	12.167	10.106	8.6425	7.5491	6.7013	6.0246

应对策略：电站厂房环境温度大概为 25~30℃，微正压储气罐内的压缩空气温度与环境温度差不多，因此左厂微正压供气系统气源温度稳定，不会对吸附式干燥机的干燥效果造成影响。

影响因素三：气体速度

一般来说，气体速度增加，吸附剂的吸附能力降低（其中，硅胶的吸附能力降低更为明显），同时气体的干燥程度也降低。表 7-56 给出了气体速度对吸附能力的影响。通常，空气通过干燥机的气体速度选用 0.3~0.25m/s，接触时间则不超过 5~15s。

表 7-56　气体速度对吸附剂吸附水分的影响

吸附剂	气体速度（m/min）				
	15	20	25	30	35
	吸附水量（%）				
活性氧化铝	17.6	17.2	17.1	16.7	16.5
硅胶	15.2	13.0	11.6	10.4	9.6

应对策略：微正压补气系统整体用气量较小，气流流速影响较小。

影响因素四：微量油积累

吸附剂对油极为敏感，当吸附剂表面油含量达到一定程度时，会使吸附剂失去吸附功能。

应对策略：为避免油对吸附剂表面的污染，可用无油润滑空压机替代有油润滑空压机，并在压缩空气进入净化系统前进行精密预处理，使进入系统的气体含油量小于 1ppm。这样就有效防止了微量油累积造成的吸附剂失效，延长了其使用寿命。

（2）吸附式干燥机与冷干机对比

表 7-57　吸附式干燥机与冷冻式干燥机比较

项目	冷冻式干燥机	吸附式干燥机
工作原理	利用冷冻技术吸收压缩空气中的热量，使其温度下降，空气中的水分随着温度的降低，当低于空气的露点温度时，水蒸气开始凝结，凝结后的水滴通过气水分离器分离，分离后干燥的空气再通过热交换加热后排出从而达到干燥的效果。根据冷却方式的不同可分为水冷式与风冷式。	利用吸附剂的吸附功能将水分吸附在吸附剂的表面。当表面吸附饱和后，通过消耗一部分热能或空气能将吸附剂表面的水分吹扫带到大气中。使吸附剂再生恢复吸附功能，根据再生方式不同可分为无热再生、微热再生和有热再生。
主要性能差异	1. 冷干机主要通过降温来实现干燥，当露点降于冰点时，冷凝水会结冰而无法与空气分离，并会造成管路冰堵，所以一般冷干机露点温度最低为 2℃，但因冷凝水排放很难达到 100%，所以会有部分水汽被带到用气现场，当环境温度较低或长时间使用后终端会有液态水析出。 2. 运行过程中排水器会消耗部分成品气。 3. 环境温度适用范围窄，干燥度受环境温度影响大。 4. 应用范围较窄，主要用于对空气品质要求较低的场合。	1. 吸附式干燥机采用吸附剂作为干燥材料，可将绝大部分水蒸气吸附在吸附剂表面，其露点温度可降至 -20~-70℃，所以在使用过程中不会有水析出的现象。 2. 运行过程中需消耗一部分成品气。 3. 环境温度适用范围较广，干燥度受环境温度影响小。 4. 应用范围广，主要应用于对空气品质要求较高的场合，如仪表或精密仪器。

续表

项目	冷冻式干燥机	吸附式干燥机
主要构成	冷干机以冷媒压缩机为主要核心部件，配合冷凝器、膨胀阀、蒸发器构成一个制冷系统，此外辅助部件有热气旁路阀、干燥过滤器、冷媒气液分离器等。	吸附式干燥机主要以气动为主要运动部件，配合止逆阀、再生风量调节阀、加热器、吸附筒，通过 PLC 的逻辑控制形成一个完整的空气干燥系统。
安装空间	冷干机占地面积较小，高度较低，对安装空间没有特殊要求；需要安装通风设施，要注意保持工作环境的干净，不能有较多粉尘，否则会产生散热器脏堵。	吸附式干燥机占地面积较小，但空间高度较冷干机高，对安装空间没有特殊要求。
日常保养	冷干机需要定期做保养，主要是要定期清洗散热器，同时要定时对电子排水阀的滤网进行清理或更换。	定期更换吸附剂，检查气动阀，清洗排污消音器。
现场维修性	由于冷干机构件较多，结构较为复杂，所以在现场维修时的难度会较大。	吸附式干燥机运动部件多，但整体构件较冷干机少，现场维修会较为简单。
对环境的影响	冷干机制冷系统内充灌氟利昂，其泄漏后会对大气层产生一定的破坏。一般情况下如果氟利昂没泄漏对环境是不会有影响的。	吸附式干燥机内部充灌的只有吸附剂，对环境没有影响。

3. 研究结论

针对巨型水轮机组封闭母线的供气气源质量不合格、指数超标的问题，充分分析了冷干式干燥机导致气源不合格的具体原因，并有针对性地提出了解决方案。通过对比吸附式干燥机与冷干式干燥机，我们得出吸附式干燥机运用于封闭母线的供气系统具有以下优势：

1）干燥效果好，压力露点温度能达到 ≤ −40℃，远超过现有冷干机 3～5℃ 的压力露点温度，能极大地降低压缩空气含水量。

2）采用中文界面的 PLC 程序控制，便于操作与保养。

3）吸附式干燥机出口端可加装露点仪，能够实时监测出口露点温度，及时发现问题。

4）吸附干燥剂为活性氧化铝，对环境无污染，更换周期长达 1 年以上，运行成本低。

5）单台吸附式干燥机处理量大，每分钟可达数百立方米，远远高于冷干机的空气处理能力。

通过研究，我们认为吸附式干燥机的各项技术指标均超过巨型机组封闭母线供气系统对气源质量的要求，巨型机组在设计或进行优化改进时可以参照相关研究得出的结论，以便更高效地服务现场设备。

7.27 巨型机组推导冷却系统研究

1. 现象描述

某巨型电站机组推导轴承采用外循环冷却方式，每台机组共有三组（6 台）油冷却器。设计时要求机组轴承在各种工况下运行时，其冷却系统中必须至少有一组备用冷却器。而实际机组运行中推导冷却系统在全部冷却器投运的情况下其推力瓦温已接近报警值，在冷却器备用试验中瓦温不能稳定且上升速度很快，这意味着一旦冷却器出现意外将无法保证机组安全运行，尤其是在水头上升过程中，增加的轴向水推力将给推力轴承带来额外的负荷，在现有条件下很难保证运行瓦温不越限，这将给机组安全运行带来威胁。

2. 分析研究

针对此类推导冷却系统存在的问题，我们全面分析研究了当前冷却系统冷却效率不满足设计要求的原因，并有针对性地提出了改进措施。以下是我们对此类机组推导冷却系统的研究过程。

1）机组推导轴承冷却系统相关参数

（1）机组推导轴承冷却系统布置图

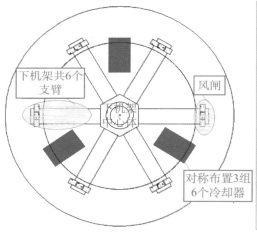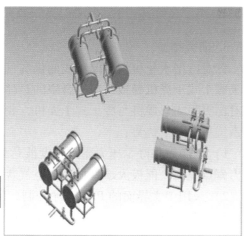

图 7-235　机组推导轴承冷却系统布置图

（2）推导轴承油槽总容积

机组推导轴承油槽总容积为：13500 升（13.5m³）。

（3）推导轴承油冷却器的冷却水量

在目前运行工况下，推导轴承油冷却器的冷却水量分别为：

第一组：122.3m³/h（DN100 管路处的流量）；

第二组：137.6m³/h（DN100 管路处的流量）；

第三组：131.5m³/h（DN100 管路处的流量）。

由于各冷却器进水口与系统冷却水管进口的距离不同，三组冷却器的冷却水流量有一定差异。

2）机组推导轴承夏季、冬季的平均油温，平均瓦温、最高瓦温数据

推力轴承在夏季、冬季，油槽的平均油温、推力瓦的平均瓦温、推力瓦的最高瓦温数据统计如表 7 - 58：

表 7 - 58　机组油温及瓦温

	油槽平均油温	推力瓦平均瓦温	推力瓦最高瓦温
夏　季	39.67℃	79.4℃	81.6℃
冬　季	31.25℃	76.02℃	78.3℃

3）推导轴承冷却系统试验情况

为了更加全面了解此类机组推导冷却系统的工作情况，我们在一台机组上进行了相关试验，将推导轴承的三组冷却器退出一组运行，试验结果及分析如下：

（1）平均油温、平均瓦温、最高瓦温

试验测量的推导轴承油槽平均油温、推力瓦平均瓦温、推力瓦最高瓦温及试验工况如表 7 - 59 所示：

表 7 - 59　试验数据（退出一组冷却器）

	油槽平均油温	推力瓦平均瓦温	推力瓦最高瓦温	备注
试验开始时	33.9℃	75.6℃	77.20℃（19#）	
试验结束时	38.8℃	78.3℃	79.8℃（19#）	
温度变化值	+4.9℃	+2.98℃	+2.6℃	
试验条件	毛水头：74m；负荷：580MW；冷却水温：17.8℃			

（2）冷却水流量变化

推导轴承进行停一组冷却器的试验时，关闭了该组冷却器的循环油泵，并关闭了该组冷却器的供水阀，其他两组冷却器的流量有所增加。关闭一组冷却器的供水阀，冷却水变化状况如下：

第二组：163m³/h（DN100 管路处的流量），增加 18%；

第三组：143.8m³/h（DN100 管路处的流量），增加 9%。

（3）推力轴承其他运行工况瓦温的预测

由于试验在当前负荷、当前水头和冷却水温 17.8℃ 的条件下进行，按照试验大纲要求，我们对各种运行工况下的油槽油温、推力瓦温进行了预测，结果见表 7 - 60。

表 7 - 60　油槽油温、推力瓦温预测

	冷却水从 18℃→28℃	当前水头→最大水头	退出一组冷却器
油温变化	+6℃	+2℃	+5℃
瓦温变化	+3.5℃	+1℃	+3℃

表 7 - 61　各种工况下的温度预测

运行工况		油槽平均油温	推力瓦最高瓦温
试验	试验开始前（三组，当前，18℃）	33.9℃	77.20℃
	试验结束时（二组，当前，18℃）	38.8℃	79.8℃
预测	三组运行，当前水头，水温 28℃	40℃	80.7℃
	三组运行，最大水头，水温 28℃	42℃	81.7℃
	两组运行，当前水头，水温 28℃	45℃	83℃
	两组运行，最大水头，水温 28℃	47℃	85℃

主机厂认为其推力瓦可以在设定报警温度为 90℃、停机温度为 95℃ 的情况下运行。

（4）对试验的计算分析

试验时冷却器有关数据见表 7 - 62。

表 7 - 62　推导轴承停一组冷却器试验数据

冷却器进出水温（℃）				
时间	冷却器 2#		冷却器 3#	
	进口	出口	进口	出口
9：15	18.9	20.4	17.9	19.9
9：21	18.9	20.7	18.8	20
9：25	19.2	21.2	19.9	21.6
9：30	19.3	21.6	19.5	21.6
9：35	19.4	21.7	19.7	22.2
9：45	19.4	21.8	20.2	22.4
9：55	19.4	21.6	19.9	22.2
10：05	19.4	21.6	19.8	22.1
10：15	19.4	21.6	19.8	22.2
10：25	19.4	21.5	19.8	22.1
10：35	19.4	21.6	19.8	22.2
10：45	19.4	21.5	19.9	22.2
10：55	19.4	21.5	19.9	22.3
11：05	19.4	21.2	19.6	22.2
11：15	19.4	21.2	19.4	22.1
11：25	19.4	21.7	19.8	22.1
11：35	19.4	21.6	19.8	22.1
冷却水流量（m³/h）				
9：09	137.6		131.5	
11：00	163		143.8	

①试验时机组推力轴承的热负荷

试验时第二组冷却器的冷却总水量为 $163m^3/h$，该组每台油冷却器的冷却水量为 $81.5m^3/h$；第三组冷却器的冷却总水量为：$143.8m^3/h$，该组每台冷却器的冷却水量为：$71.9m^3/h$。

由于机组推力油冷却器是间壁式换热器，因此温度不同的两种流体（46#透平油与水）通过金属壁进行对流换热（油放热，水吸热）。

46#透平油放出的热量（热负荷）$P_油$：

$$P_油 = qm_1c_1 \ (t_1' - t_1'')$$

冷却水吸收的热量（热负荷）$P_水$：

$$P_水 = qm_2c_2 \ (t_2'' - t_2')$$

根据热平衡关系：

$$P = P_油 = P_水$$

qm——流体质量流量（kg/s）

c——质量热容 [kJ/（kg·℃）]

t——温度（℃）

1——46#透平油

2——冷却水

′——进口

″——出口

由于在试验时已测出冷却水的流量，进、出水的温度，因此可计算出冷却水在单位时间内吸收的热量。

第二组每台油冷却器的热负荷：

$$P_水 = qm_2c_2 \ (t_2'' - t_2')$$
$$= 22.638 \times 4.18 \ (21.6 - 19.4)$$
$$= 208.18 \ (kW)$$

注：$qm_2 = 81.5 \times 1000/3600 = 22.638$（kg/s）　　　$c_2 = 4.18$（kJ/kg·℃）

第三组每台油冷却器的热负荷：

$$P_水 = qm_2c_2 \ (t_2'' - t_2')$$
$$= 19.97 \times 4.18 \ (22.1 - 19.8)$$
$$= 192 \ (kW)$$

注：$qm_2 = 71.9 \times 1000/3600 = 19.97$（kg/s）　　　$c_2 = 4.18$（kJ/kg·℃）

试验时机组的总热负荷 P 为：

$$P = 208.18 \times 2 + 192 \times 2 = 800.36 \ (kW)$$

②试验时机组推力轴承的油温情况

试验时机组第二组冷却器46#透平油的温升和第三组冷却器46#透平油的温升计算如下：

第二组的每台冷却器46#透平油的温升：

$\because P_{油} = qm_1 c_1 (t_1' - t_1'')$

$\therefore (t_1' - t_1'') = P_{油} / qm_1 c_1$

$\qquad\qquad\qquad = 208.18 / (15 \times 1.95)$

$\qquad\qquad\qquad = 7.12 (℃)$

注：$qm_2 = 60 \times 900 / 3600 = 15$（kg/s）　　　$c_2 = 1.95$（kJ/kg·℃）

第三组的每台冷却器46#透平油的温升：

$\because P_{油} = qm_1 c_1 (t_1' - t_1'')$

$\therefore (t_1' - t_1'') = P_{油} / qm_1 c_1$

$\qquad\qquad\qquad = 192 / (15 \times 1.95)$

$\qquad\qquad\qquad = 6.56 (℃)$

注：$qm_1 = 60 \times 900 / 3600 = 15$（kg/s）　　　$c_1 = 1.95$（kJ/kg·℃）

机组推力轴承瓦温及46#透平油温升的理论计算与试验结果见表7-63（水温18℃时）。

表7-63　理论计算与试验时油温、瓦温对照表（单位：℃）

	第二组冷却器油的平均温升	第三组冷却器油的平均温升	油的平均温升	瓦的平均温度
试验结果	6.15	6.5	6.325	78.53
理论计算	7.12	6.56	6.84	79.7

4）油冷却器优化

为解决机组推导轴承瓦温偏高问题，在现油冷却器的基础上进行了优化设计，油冷却器的优化设计对比研究如下。

（1）现油冷却器的分析

目前，机组的推导油冷却器采用的是二维螺纹冷却管，每台设计容量为250kW。在三组6台冷却器同时投入运行时，冷却器进油与出油的温差平均值也只有3.17℃（2005年7月26日实测数据）。下面计算优化前油冷却器热交换性能。

①现油冷却器基本参数

表7-64　目前机组推导轴承冷却器的基本参数

冷却器有效长度　h_L（m）	1.35
冷却器有效直径　φ（m）	0.68
冷却水管内径　d_1（m）	0.013
冷却水管外径　d_2（m）	0.019
每米管长上的散热面积　A_a（m²）	0.15
每米管长与水接触面积　A_w（m²）	0.041
水管截面积　A_{sw}（m²）	0.0001327
水管排数　Z_s	28

续表

水管数	$Z_P = 27$
	$Z = 583$
水管间距	0.025
	0.021
水管全长　10（m）	1.397
水路数　n_w	2
进/出油温度（℃）	39.1/35.93
油的流速（壳程）　v（m/s）	0.44
油比热　c_p（kJ/kg·℃）	1.95
油密度　ρ_a（t/m³）	0.9
冷却器进、出水温度　t_w（℃）	27.1/28.8
冷却器油出口温度　t_a（℃）	35.93
冷却水量　Q_w（t/h）	60
与水接触表面积（m²）	32.27
与油接触表面积（m²）	118.06

②优化改进前油冷却器的热交换计算

由于机组油冷却器是间壁式换热器，因此温度不同的两种流体（46#透平油与水）通过金属壁进行对流换热（油放热，水吸热）。

46#透平油放出的热量（热负荷）$P_油$：

$$P_油 = qm_1 c_1 （t_1' - t_1''）$$

冷却水吸收的热量（热负荷）$P_水$：

$$P_水 = qm_2 c_2 （t_2'' - t_2'）$$

根据热平衡关系：

$$P = P_油 = P_水$$

由于在实际运行时，已测出冷却水的流量、进/出水的温度，因此可计算出冷却水在单位时间内吸收的热量。

$$
\begin{aligned}
P_水 &= qm_2 c_2 （t_2'' - t_2'） \\
&= 16.7 \times 4.18 （28.8 - 27.1） \\
&= 118.67 （kW）
\end{aligned}
$$

注：$qm_2 = 60 \times 1000/3600 = 16.7$（kg/s）　　　$c_2 = 4.18$（kJ/kg·℃）

在机组优化改进前油冷却器的热交换性能计算中，发现现油冷却器的实际热负荷 P 只有 118.67kW，而油冷却器的设计热负荷要求达到 $P = 250$kW，因此优化改进前油冷却器的热交换能力根本达不到设计要求，仅为设计要求的 48%，这是现在优化改进前机组推导轴承冷却器油的平均温差降只有 3.17℃ 的原因所在。如果想让油冷却器的总热交换能力达到设计要求，即 $P > 1000$kW，就必须对现在的油冷却器进行优化设计。

（2）对现油冷却器的优化设计

在推导轴承油冷却器优化设计时，受到机组实际运行条件的限制，即冷却水量最大只能提供 $70m^3/h$，因此须重点考虑加大油冷却器的热交换能力，使优化设计的推导油冷却器 6 台同时运行时热负荷达到 1000kW。

在具体设计上，受安装场地的限制，油冷却器的长度不能增加，因此要加大油冷却器的外径以提高冷却管与冷却水的接触面积（通过冷却管水的流速设定为 0.738m/s），同时在壳程与冷却油接触的面采用高效针刺面。高效针刺管是一种三维管，流向此冷却管油的流动是"扰流"，扰流可使46#透平油与冷却管充分进行热交换。

优化设计的油冷却器热交换计算

优化设计的每台推力油冷却器热负荷 $P = 180kW$，其他条件即热油温度为 39.1℃，进水温度27℃，对优化设计的油冷却器的热交换计算如下。

表 7 -65　优化设计后的油冷却器基本参数

冷却器额定热负荷 P（kW）	180
冷却管针刺有效长度　h_L（m）	1.25
冷却水管内径　d_1（m）	0.016
冷却水管外径　d_2（m）	0.019
每米管长上的散热面积　A_a（m²）	0.156
每米管长与水接触面积　A_w（m²）	0.0503
水管截面积　A_{sw}（m²）	0.0002011
冷却管数 Z	786
冷却管全长　10（m）	1.397
水路数　n_w	6
冷却器进油温度　（℃）	39.1
油的质量流量　（kg/s）	15
油比热　c_p（kJ/kg·℃）	1.95
油密度　ρ_a（t/m³）	0.9
冷却器进、出水温度　t_w（℃）	27/29.21
冷却器油出口温度　t_a（℃）	32.94
冷却水量　Q_w（t/h）	70
与水接触表面积（m²）	53.37
与油接触表面积（m²）	165.53

$$\because P_水 = qm_2 c_2 \ (t_2'' - t_2')$$
$$\therefore (t_2'' - t_2') = P_水 / qm_2 c_2$$
$$= 180 / (19.44 \times 4.18)$$
$$= 2.21 \ (℃)$$

注：$qm_2 = 70 \times 1000 / 3600 = 19.44$（kg/s）　　$c_2 = 4.18$（kJ/kg·℃）

$$\because P_油 = qm_1 c_1 \ (t_1' - t_1'')$$
$$\therefore (t_1' - t_1'') = P_油 / qm_1 c_1$$

$$= 180/ （15 \times 1.95）$$
$$= 6.16 （℃）$$

注：$qm_1 = 60 \times 900/3600 = 15 （kg/s）$　　　$c_1 = 1.95 （kJ/kg \cdot ℃）$

下面计算优化设计的每台油冷却器热负荷为 $P = 180kW$，该油冷却器实际需要的传热系数（水侧为 $K_水$，油侧为 $K_油$）。

根据热平衡式：

$$P = KF\Delta t_m = \Delta t_m/ （1/KF）$$

K——传热系数（$kW/m^2 \cdot ℃$）

F——传热面积（m^2）

Δt_m——逆流对数平均温差（℃）

其中：

$$\Delta t_m = [（t_1' - t_2''） - （t_1'' - t_2'）] /\ln [（t_1' - t_2''） / （t_1'' - t_2'）]$$
$$= [（39.1 - 29.21） - （32.94 - 27）] /\ln [（39.1 - 29.21） / （32.94 - 27）]$$
$$= 7.75 （℃）$$

水侧需要的传热系数：

$$K_水 = P/ （A_水 \Delta t_m）$$
$$= 180 \times 1000/（55.23 \times 7.75）$$
$$= 420.5 （W/m^2 \cdot ℃）$$

油侧需要的传热系数：

$$K_油 = P/ （A_油 \Delta t_m）$$
$$= 180 \times 1000/ （153.27 \times 7.75）$$
$$= 151.53 （W/m^2 \cdot ℃）$$

从上述计算可以看出，要使优化设计的推导油冷却器达到热负荷 $P = 180kW$，油冷却器水侧实际提供的传热系数和油侧实际提供的传热系数必须大于其实际需要的传热系数。

在优化设计推导油冷却器时，冷却管选用了高效针刺管。现在计算其所能提供的传热系数，看是否能满足设计需要。

高效针刺冷却管内侧（水侧）传热系数 α_1：

$$\alpha_1 = 0.023 （\lambda/d） （d\omega_m r/u）^{0.8} （c_p u/\lambda）^{0.3}$$

其中：

r——流体密度（kg/m^3）

c_p——定压比热容（$kJ/kg \cdot ℃$）

u——流体主体黏度（$Pa \cdot s$）

λ——导热系数（$W/m \cdot ℃$）

冷却水取平均水温 27℃ 的物理特性，此时：

$r = 1000 （kg/m^3）$

$c_p = 4.18 （kJ/kg \cdot ℃）$

$u = 8.01 \times 10^{-4}$（Pa·s）

$\lambda = 0.616$（W/m·℃）

冷却水在冷却管中的流速 $\omega_m = 0.738$（m/s）

$\therefore \ \alpha_1 = 0.023 \ (\lambda/d) \ (d\omega_m r/u)^{0.8} \ (c_p u/\lambda)^{0.3}$

$\qquad = 0.023 \times (0.616/0.016) \times (0.016 \times 0.738 \times 1000/0.000801)^{0.8} \times$

$\qquad \quad (4.18 \times 0.000801/0.616)^{0.3}$

$\qquad = 416.5$（W/m^2·℃）

高效针刺推力冷却器壳程（油侧）传热系数 α_2（壳程折流板设计为圆缺形）：

$\alpha_2 = 1.72 \ (\lambda/d_0^{0.4}) \ (d_e \omega_m r/u)^{0.6} \ (Pr)^{1/3} \ (u/u_w)^{0.14}$

其中：

r——流体密度（kg/m^3）

c_p——定压比热容（kJ/kg·℃）

u——流体主体黏度（Pa·s）

λ——导热系数（W/m·℃）

Pr——普朗特数

针刺冷却管：$d_0 = 0.019$（m），$d_e = 0.0186$（m）

ω_m——按壳程流截面计算的流速，这里 $\omega_m = 0.25$（m/s）。

取 46#透平油在平均油温 35℃时的物理特性，此时：

$r = 900$（kg/m^3）

$c_p = 1.95$（kJ/kg·℃）

$u = 11.4 \times 10^{-4}$（Pa·s）

$\lambda = 0.127$（W/m·℃）

$Pr = 1.75$

$\therefore \ \alpha_2 = 1.72 \ (\lambda/d_0^{0.4}) \ (d_e \omega_m r/u)^{0.6} \ (Pr)^{1/3} \ (u/u_w)^{0.14}$

$\qquad = 1.72 \times (0.127/0.019^{0.4}) \times (0.0186 \times 0.25 \times 900/0.00114)^{0.6} \times$

$\qquad \quad (1.75)^{1/3} \times 0.95$

$\qquad = 168.3$（W/m^2·℃）

现在计算水侧、油侧的传热余量 $M\%$：

$M_{油}\% = (\alpha_2 - K_{油})/\alpha_2 = (168.3 - 151.53)/168.3 = 9.96\%$

$M_{水}\% = (\alpha_1 - K_{水})/\alpha_1 = (416.5 - 420.5)/416.5 = -0.96\%$

优化设计的推导油冷却器所提供的水侧传热系数 α_1 基本能满足实际水侧的需要，油侧传热系数 α_2 能满足实际热交换需要。

表 7–66　优化设计的推导油冷却器主要热参数

推力油冷却器额定热负荷 P（kW）	180
推力油冷却器冷却水量（m^3/h）	70

续表

推力油冷却器冷却油量（m³/h）	60
油侧需要的传热系数 $K_{油}$（W/m²·℃）	151.53
油侧提供的传热系数 α_2（W/m²·℃）	168.3
油侧传热余量 M%	9.96
水侧需要的传热系数 $K_{水}$（W/m²·℃）	420.5
水侧提供的传热系数 α_1（W/m²·℃）	416.5
水侧传热余量 M%	-0.96

优化设计后的推导油冷却器在夏季三组 6 台同时运行时，其总热负荷将达到 1080kW，能够满足机组在出力达到 700MW 的夏季正常运行要求。

表 7-67　机组推导油冷却器优化设计前后的性能参数对比

	现冷却器	优化设计后冷却器
热负荷 P（kW）	118	180
进油温度（℃）	39.1	39.1
出油温度（℃）	35.93	32.94
进水温度（℃）	27.1	27
出水温度（℃）	28.8	29.21

5）冷却器优化改进后推导轴承停一组冷却器试验

2006 年 4 月 20 日，在改进冷却器的机组上进行了推导轴承停一组冷却器运行试验。试验结果及分析如下：

（1）平均油温、平均瓦温、最高瓦温

试验测量的推导轴承油槽平均油温、推力瓦平均瓦温、推力瓦最高瓦温及试验工况如下：

表 7-68　试验温度值

	油槽平均油温	推力瓦平均瓦温	推力瓦最高瓦温	备注
试验开始时	29.4℃	71.8℃	74.8℃（6#）	
试验结束时	34.1℃	74.8℃	77.9℃（6#）	
温度变化值	+4.7℃	+3℃	3.1℃	
试验条件	毛水头：71.9m；负荷：610MW；冷却水温：18.6℃			

（2）冷却水流量变化

推导轴承进行停一组冷却器的试验时，关闭了该组冷却器的循环油泵，并未关闭该组冷却器的供水阀，因此，各冷却器流量未发生变化。

（3）对试验的计算分析

①试验时冷却器有关数据

表7-69 冷却器进出水温

时间	冷却器进出水温（℃）			
	冷却器1		冷却器3	
	进口	出口	进口	出口
初始时间	17.7	20.2	18.0	20.3
温度稳定时	19	21.2	19.2	21.5
冷却水流量（m³/h）				
初始时间	127.7	136.3		
温度稳定时	128	140		

表7-70 冷却器进出油温

时间	冷却器进出油温（℃）			
	冷却器1		冷却器3	
	进口	出口	进口	出口
初始时间	29.5	25.1	29.7	26.9
温度稳定时	32.2	26.4	32.4	28.5

②试验时机组推力轴承的热负荷

试验时第一组冷却器的冷却总水量为128m³/h，该组每台油冷却器的冷却水量为64m³/h；第三组冷却器的冷却总水量为140m³/h，该组每台冷却器的冷却水量为70m³/h。重新计算各交换热负荷。

第一组每台油冷却器的热负荷：

$$P_水 = qm_2 c_2 (t_2'' - t_2')$$
$$= 17.778 \times 4.18 (21.2 - 18.2)$$
$$= 222.94 (kW)$$

注：$qm_2 = 64 \times 1000/3600 = 17.778 (kg/s)$ $c_2 = 4.18 (kJ/kg \cdot ℃)$

第三组每台油冷却器的热负荷：

$$P_水 = qm_2 c_2 (t_2'' - t_2')$$
$$= 19.444 \times 4.18 (21.5 - 18.8)$$
$$= 219.44 (kW)$$

注：$qm_2 = 70 \times 1000/3600 = 19.444 (kg/s)$ $c_2 = 4.18 (kJ/kg \cdot ℃)$

试验时VGS机组的总热负荷P为：

$P = 222.94 \times 2 + 219.44 \times 2 = 884.76 (kW)$

③试验时机组推力轴承的油温情况

试验时机组第一组冷却器46#透平油的温升和第三组冷却器46#透平油的温升计算如下：

第一组每台冷却器46#透平油的温升：

$$\because P_油 = qm_1 c_1 (t_1' - t_1'')$$
$$\therefore (t_1' - t_1'') = P_油 / qm_1 c_1$$

$$= 163.49 / （15 \times 1.95）$$
$$= 5.59 （℃）$$

注：$qm_2 = 60 \times 900/3600 = 15 （kg/s）$　　$c_2 = 1.95 （kJ/kg \cdot ℃）$

第三组每台冷却器46#透平油的温升：

$$\because P_油 = qm_1 c_1 （t_1{}' - t_1{}''）$$
$$\therefore （t_1{}' - t_1{}''） = P_油 / qm_1 c_1$$
$$= 186.93 / （15 \times 1.95）$$
$$= 6.39 （℃）$$

注：$qm_1 = 60 \times 900/3600 = 15 （kg/s）$　　$c_1 = 1.95 （kJ/kg \cdot ℃）$

机组推力轴承瓦温及46#透平油温升的理论计算与试验结果见表 7-71（水温 18.6℃时）。

表 7-71　理论计算与试验时油温、瓦温对照表（单位：℃）

	第一组冷却器油的平均温升	第三组冷却器油的平均温升	瓦的平均温度
试验结果	5.8	3.9	74.8
理论计算	5.59	6.39	75.4

注：理论计算时每台推力轴承油冷却器油的流量仍设定为 $60 m^3/h$；可见，新的冷却器并没有带走更多的热负荷，分析认为，其主要是由冷却水量不够造成的。（计算中未计及测量误差。）

④机组推力轴承近似工况的运行数据比较

选取 2006 年 3 月 22 日 11 时运行数据、2006 年 4 月 20 日 10 时 30 分运行数据及 2005 年 3 月 20 日 11 时运行数据进行比较，如表 7-72 所示。

表 7-72　运行数据比较

时间	机组负荷	最高6#瓦温	平均瓦温	油槽平均油温	冷却水流量
2006 年 3 月 22 日 11 时	608MW	75.2℃	69.4℃	29.2℃	407 m^3/h
2006 年 4 月 20 日 10 时 30 分	610MW	74.8℃	68.9℃	29.4℃	376 m^3/h
2005 年 3 月 20 日 11 时	604MW	75.2℃	68.7℃	30.8℃	380 m^3/h

更换冷却器前运行情况：推导油温平均值29.2℃，瓦温平均值69.4℃，推力瓦温最高为6#瓦，瓦温为75.2℃，机组所带负荷608MW，推导冷却水流量407m^3/h。

更换冷却器后运行情况：推导油温平均值29.4℃，瓦温平均值68.9℃，推力瓦温最高为6#瓦，瓦温为74.8℃，机组所带负荷610MW，推导冷却水流量376m^3/h。

改进前一年同期运行情况：推导油温平均值30.8℃，瓦温平均值68.7℃，推力瓦温最高为6#瓦，瓦温为75.2℃，机组所带负荷604MW，推导冷却水流量380m^3/h。

上述比较结果可以看出，新的冷却器的优化并未对推导冷却系统的冷却效果产生较大的影响。

3. 研究结论

通过对当前此类机组推导冷却器进行的所有相关试验数据对比，以及通过改进推导冷却器的结构，对冷却管形式进行试验，发现现冷却器的优化并未对推导冷却系统的冷却效果产生较好的影响，对推力瓦温虽有所改善，效果也不明显。通过多年跟踪此类机组推力瓦温运行情况，未改进冷却器的机组推力瓦最高瓦温在82.8℃左右，改进后的机组推力瓦温约为80.8℃，离报警值85℃均较近。通过分析研究，此类机组的运行瓦温比其他类机组偏高。其原因与推力瓦的结构有关，同时亦与冷却系统的结构存在必然关系，对于推力瓦温的分析值得我们进一步深入研究。

7.28　机组水导油槽下挡油环密封优化研究

1. 现象描述

某机组自投产以来，水导轴承下挡油环就出现漏油问题，需要经常对水导油槽进行补油，虽然经过更换密封等处理，但仍存在渗漏现象。

水导轴承结构如图7-236所示，下挡油环分为12瓣，通过钢球和螺栓固定在水轮机轴上，机组运行时下挡油环随水轮机轴一起旋转。下挡油环的材料为铸铝合金（ZL102），其内圆与大轴配合处设有O形密封圈，安装时下挡油环的12个分瓣面之间涂有乐泰平面密封胶。

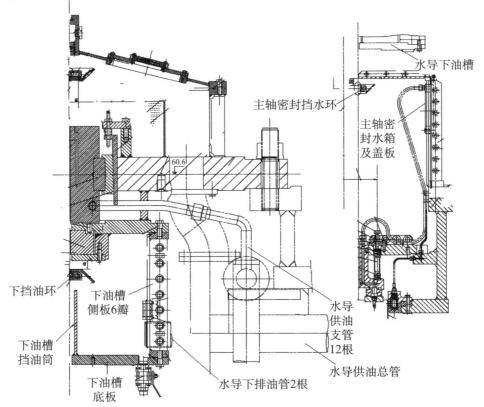

图7-236　水导轴承剖面图

在机组正常运行时，水导油槽部分热油通过油封与大轴之间的间隙（0.4～0.78mm）顺着大轴流至下油槽；机组停机后整个水导上油槽的油全部通过油封与大轴之间的间隙流至下油槽并回流至外油箱，因此在机组运行及停机过程中下挡油环起到挡住这部分漏油的作用。

2. 分析研究

通过分析，渗漏主要原因为挡油环材料问题。当机组运行时，在离心力作用下及受热的情况下，挡油环分瓣间及与大轴之间产生间隙，导致漏油。

1）挡油环热膨胀分析

挡油环为铸铝合金制成，在停机状态下与环境温度相同，但当机组运行一段时间后，油槽温度上升，温差接近20℃。挡油环在温度升高的情况下产生变形，变形量计算见表7－73：

表7－73　钢及铸铝合金热膨胀系数对比

材料	热膨胀系数（1/℃）：每升温1度，单位毫米变形量
铸铝合金	0.0000236
钢	0.0000118

挡油环的直径为4000mm

铸铝合金挡油环的径向变形量：

$0.0000236 \times 4000 \times 20 = 1.88$ mm

锻钢挡油环的径向变形量：

$0.0000118 \times 4000 \times 20 = 0.944$ mm

2）挡油环离心力变形分析

金属材料在承受外力时，会产生一定变形，随着外力的增加，其变形将由弹性变形转变为塑性变形，直至断裂。哈电机组水导下挡油环分12瓣通过连接螺栓紧固在大轴上，当机组正常运行时，挡油环在离心力的作用下产生弹性变形，不同材料产生的变形是不同的。钢与铸铝合金的弹性模量 E 及泊松比 μ 见表7－74。

表7－74　钢与铸铝合金材料性能比较

材料	弹性模量 E	泊松比 μ
钢	207	0.29
铸铝合金	71	27

通过比较锻钢与硬铝合金的弹性模量 E 及泊松比 μ 可知，铸铝合金的弹性模量为钢的1/3，因此容易产生塑性变形，从而导致漏油。

分析其他类型机组使用的水导下挡油环与此类型水导下挡油环结构类似，但材料不同，均为钢材料，重量为357.6kg（每瓣29.8kg）。由于挡油环重量较重，工作环境顶盖内空间狭窄，因此不容易保障安装质量，在安装时也出现过漏油现象。

3）挡油环改进

为解决挡油环漏油问题，结合分析此类挡油环存在的问题，在 2009—2010、2010—2011 两轮岁修期间对机组水导挡油环进行了技术改造，改造内容为在机组当前运行方式下，不改变水导主要尺寸和结构，并考虑解决水导下挡油环漏油及水导油雾外溢问题，提出以下方案（结构如图 7 – 237 所示）。

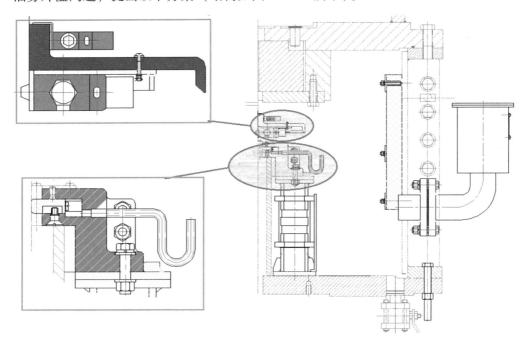

图 7 – 237　改进后水导下挡油环结构图

（1）将原设计的铸铝合金下挡油环改为橡胶挡油环，按 Φ4005mm 直径整体制作，制作后开一个口绕在轴上进行紧箍把合，在橡胶挡油环外边缘做整体挡油裙带，截断透平油回流的路径，从根本上解决机组在停机状态下漏油的问题。在制造时，均匀辐射内衬 130 个弹簧支片以提高橡胶挡油环的硬度。

（2）橡胶挡油环预紧钢带采用 4 瓣进行预紧，橡胶挡油环与托板之间连接螺栓采用伞帽螺栓以防止把合孔漏油，紧固部分采用防松结构并考虑离心力的影响。

（3）橡胶挡油环下端装有 12 瓣弧形托板，借用原轴上用于固定下挡油环的顶珠孔安装定位，用于橡胶挡油环的轴向支撑。12 瓣托板安装后形成一个整体圆环，把合面均设有防松装置。

（4）水导下油槽挡油筒上与大轴之间增设径向随动接触式密封油挡，用于防止下油槽产生的油雾向外溢出；在油挡下端装有 12 个可调整轴向支管架，调整座圈与轴的垂直度和同心度。

（5）为防止透平油在离心力的作用下碰撞下油槽壁产生大量油雾，需在槽壁上设有缓冲吸油材料层，使具有一定速度的透平油经过缓冲吸油材料层后流向下端。

（6）为防止下油槽内产生正压，在槽壁上对称设有两个过滤式排空器，保证下油槽内部压力恒定。

4）改进效果

此次主要在两个方面进行了改进，一是将原铸铝结构下挡油环改为橡胶挡油环，可有效解决原挡油环在机组运行过程中受离心力作用导致挡油环与大轴产生间隙面导致的渗漏问题；二是增加了一套解决油雾问题的装置——随动密封加缓冲吸油层。

使用新的挡油环解决了漏油问题，机组未再出现漏油现象，但在安装和使用挡油环过程中发现挡油环仍然存在部分不足之处。

● 结构复杂，不便于安装

为了保障挡油环的密封效果，设计了许多小零件，如开口销、小螺栓、垫片等，一方面使用安装变得复杂，再者由于挡油环安装在大轴上，属于转动部件，在机组运行过程中存在掉落风险，落入油槽后将导致严重后果。

● 橡胶挡油环强度不足

由于橡胶挡油环为整体制造，在安装时需要在挡油环上打孔，并且要用钢带将其箍紧，在箍紧过程中橡胶挡油环局部受力较大，机组运行一段时间后可能发生破裂。

机组运行中下油槽底部靠近大轴位置处仍有漏油现象（2015—2016 岁修期间解体水导下油槽，发现水导下油槽橡胶挡油环出现开裂，如图 7-238 所示）。

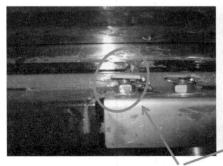

开裂的橡胶挡油环

图 7-238　挡油环橡胶损坏情况

图 7-238 为挡油环裂开位置。通过对整个挡油环检查发现，裂开位置不是安装时的接头，左图为挡油环安装接头，检查时未发现接头处有明显裂开；挡油环为整体制造，其长度较长，检查过程中发现挡油环上存在制造过程中产生的接头。通过对比，开裂位置并非制造接头。因此，分析开裂主要原因为在安装过程中使用钢带箍紧时挡油环产生局部较大拉应力，机组运行时拉应力又增大，最终导致挡油环被拉裂。

5）第一次优化总结

通过上述分析，挡油环主要存在以下两个问题：

一是安装问题。钢制挡油环由于自重过重将近360kg，安装时很难保证一次安装成功。

二是材料问题。铸铝挡油环通过改变材料将自重减少2/3，达到104kg，解决了安装问题，但由于材料受热与大轴存在不同的膨胀量，加上其形变系数与钢材料差别较大，在机组运行时会与大轴产生间隙，发生渗漏。橡胶挡油环一方面重量较轻，解决了自重问题；另一方面橡胶的可压缩性为两种不同材料受热膨胀及受力形变提供补偿量，成功地解决了挡油环漏油问题，但由于安装时橡胶局部受力较大也会出现开裂问题。

6）进一步优化建议

水导下挡油环优化主要从结构（安装便利性）及材料方面入手，通过与相关单位共同研究提出以下优化方案。

（1）方案一

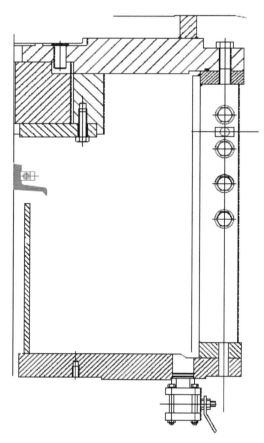

图7-239 挡油环进一步优化方案一结构示意图

如图 7 –239 所示，方案一主要是从挡油环安装便利性及材料强度耐久性方面入手，简化挡油环结构，其主要由三部分组成。

①聚氨酯挡油环

方案一选择使用聚氨酯材料制作挡油环，在保证轻质的同时又能避免安装应力集中造成挡油环开裂。如表 7 –75 所示，聚氨酯材料密度略小于丁腈橡胶，整个挡油环重量约 14kg，聚氨酯拉伸强度及抗撕裂强度为目前使用的丁腈橡胶材料强度的2 倍以上。

表 7 –75　聚氨酯及丁腈橡胶材料性能对比

检测项目	单位	实测数据	
		PU（聚氨酯）	NBR（丁腈橡胶）
硬度 A	Shore A	93	80
拉伸强度	MPa	41.6	19
拉断伸长率	%	387	210
撕裂强度	kN/m	114	55
密度	g/cm^3	1.13	1.24

聚氨酯挡油环为整体制造（见图 7 –240），其内径略大于水轮机轴外径，保证挡油环安装后的一定裕量，可以填满与大轴之间的空隙，保障密封效果；挡油环与大轴接触位置设计为锯齿形，与大轴形成多道密封，提高密封效果；挡油环整体制造，为保障安装后接头位置密封效果，接头切口设计为卡口式（目前顶盖密封也使用同样切口形式，密封效果良好）。

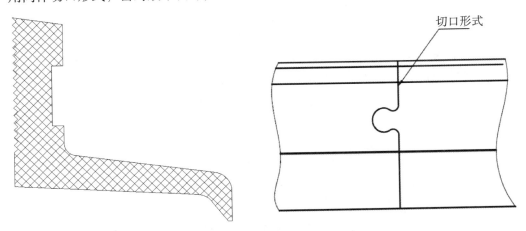

图 7 –240　聚氨酯挡油环

②箍紧钢带

箍紧钢带分为 12 瓣，对应大轴上的销孔，便于定位销安装调整，每个把合面使用螺栓把合（见图 7 –241），提高了预紧力。

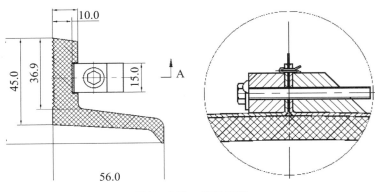

图 7 –241　箍紧钢带

③定位机构

定位机构如图 7 – 242 所示，由定位滑块和定位销组成，滑块为空心结构，空心部分用来穿在预紧钢带上，并且可以根据需要滑动，其中部设计有孔，用来安装定位销。

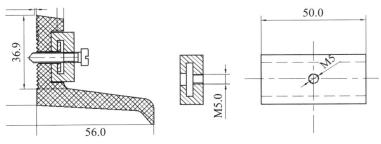

图 7 –242　定位机构

（2）方案二

如图 7 – 243 所示，方案二仍利用原有托环将丁腈橡胶材料更换为聚氨酯，并且将挡油环与大轴接触部位设计为锯齿形，提高了密封性。箍紧钢带与方案一相同。

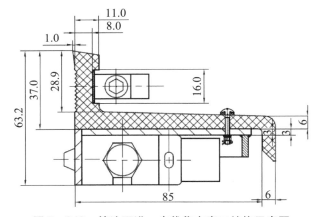

图 7 –243　挡油环进一步优化方案二结构示意图

（3）方案三

如图 7 - 244 所示，考虑到挡油环较最初设计安装位置高，可能降低对通过油封回流到下油槽的油的阻挡效果，因此将挡油环安装在托环背面，其余与方案二相同。

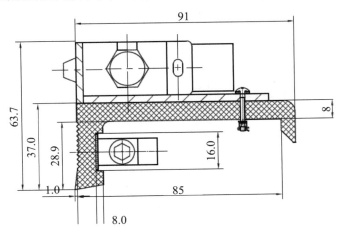

图 7 - 244　挡油环进一步优化方案三结构示意图

（4）挡油环强度核算

①简化模型

根据结构尺寸，简化为有孔圆盘结构，如图 7 - 245 所示。

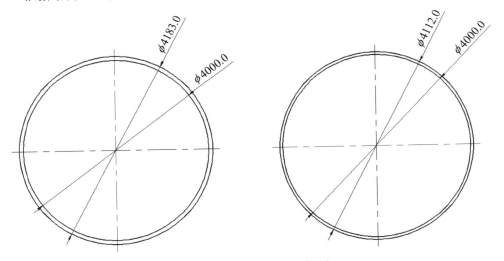

图 7 - 245　挡油环简化模型

②理论计算

σ_ρ、σ_φ 沿半径方向变化，在 $\rho = \sqrt{ab}$ 处，σ_ρ 达到极值，且

$$(\sigma_\rho)_{\max} = \frac{\rho_0 \omega^2 (3 + \mu)}{8} (b - a)^2 \tag{1}$$

在圆孔内边缘处，$\rho = a$，σ_φ 达到极值

$$(\sigma_\varphi)_{max} = \frac{\rho_0 \omega^2 (3 + \mu)}{4}(b^2 + \frac{1 - \mu}{3 + \mu}a^2) \tag{2}$$

式中，

σ_ρ——径向应力；

σ_φ——环向应力；

ρ_0——材料密度（1200kg/m^3）；

ω——角速度（7.895rad/s）；

μ——泊松比（0.4995）；

b——外圆半径（2.0915，2.056）；

a——内圆半径（2）。

（1）外径 4183

$$(\sigma_\rho)_{max} = \frac{\rho_0 \omega^2 (3 + \mu)}{8}(b - a)^2 = 1200 \times 7.895 \times 7.895 \times 3.4995 \times 0.0915 \times 0.0915/8$$

$$= 273.9 \text{N/m}^2$$

$$= 0.0002739 \text{MPa}$$

$$(\sigma_\varphi)_{max} = \frac{\rho_0 \omega^2 (3 + \mu)}{4}(b^2 + \frac{1 - \mu}{3 + \mu}a^2) = 1200 \times 7.895 \times 7.895 \times 3.4995/4 \times [2.0915 \times$$

$$2.0915 + (1 - 0.4995) / (3 + 0.4995) \times 4]$$

$$= 323687.2 \text{ N/m}^2$$

$$= 0.323687 \text{MPa}$$

（2）外径 4112

$$(\sigma_\rho)_{max} = \frac{\rho_0 \omega^2 (3 + \mu)}{8}(b - a)^2 = 1200 \times 7.895 \times 7.895 \times 3.4995 \times 0.056 \times 0.056/8$$

$$= 102.6 \text{ N/m}^2$$

$$= 0.0001026 \text{MPa}$$

$$(\sigma_\varphi)_{max} = \frac{\rho_0 \omega^2 (3 + \mu)}{4}(b^2 + \frac{1 - \mu}{3 + \mu}a^2)$$

$$= 1200 \times 7.895 \times 7.895 \times 3.4995/4 \times [2.056 \times 2.056 + (1 - 0.4995) /$$

$$(3 + 0.4995) \times 4]$$

$$= 314052.3 \text{ N/m}^2$$

$$= 0.3140523 \text{MPa}$$

通过计算上述两种尺寸的环向应力和径向应力，均远小于聚氨酯材料的拉伸强度41.6MPa，因此聚氨酯强度满足机组运行要求。

方案一的结构最简单，取消了原有托环，零部件也较方案二、方案三少。由于取消了托环，不需要在挡油环上打孔，因此避免了挡油环局部应力集中问题。

方案二保留原有托环，并在挡油环与轴之间上部接触位置设计内凸，提高了密

封性，在目前机组状态安装时仅需要将原有橡胶挡油环拆除，更新此密封即可。

方案三与方案二挡油环相同，为避免挡油环影响通过油封回流到下油槽的油流，将挡油环安装在托环下部，同样其安装时也仅需要将原有橡胶挡油环拆除，更新此密封即可。

通过上述方案的比较，我们推荐使用方案一，其结构简单、安装方便，同时钢度也能满足使用要求。

3. 研究结论

通过对机组水导下挡油环的结构分析，以及进行第一次优化改进后的效果评估，我们找出了挡油环漏油的原因，一方面是结构设计存在不足；另一方面材质尺寸也导致安装困难，难以达到设计目标。通过我们后续进一步优化改进，结合前期的研究结果，相信会取得满意效果。

由于水导下挡油环半径尺寸较大，安装空间狭小，因此可以我们分析得出的结论为基础进行改进，一方面改进结构，减轻重量，便于安装；另一方面使用新型材料，防止运行过程中变形、断裂，延长使用寿命。